Content Inc.

How Entrepreneurs Use Content to Build Massive Audiences and Create Radically Successful Businesses

內容電力公司

用好內容玩出大事業

喬·普立茲 Joe Pulizzi

廖亭雲——譯

致世界上所有不顧一切、冒險創業的瘋狂企業家，
本書謹獻給各位。

目錄

序

所有人都合理且一致的認為，我剛剛毀了自己的人生。

直到前一刻，我都是以「正確」方式度過人生：法律系一年級時取得優異成績，並且被評為具備資格在法學期刊上發表文章；二、三年級時則在大公司擔任職員。

然而，我在畢業四年後就辭去大公司的工作，更糟的是，我辭職的目的是為了「在網路上寫作」。

應該沒有人會想和母親解釋這種狀況吧。

現在悶悶不樂的律師，大部分都深受寫作的欲望所苦，不過沒有人會為了寫作辭去工作。尤其在一九九八年的網路上，你需要寫出商業計畫書才能成功創業，而不是內容。

此外，畢竟我離職的那家公司，可是讓麥可．戴爾*（Michael Dell）從普通大學生變成百萬富翁的功臣。透過公司我可以擁有廣大的人脈，但對我來說似乎無用武之地。

事後回想，也許我當時真的有點瘋狂，我認為自己非常適合寫作生涯，卻不想成為好萊塢影業或紐約出版業的小螺絲釘。

---

* 電腦製造商戴爾（Dell）公司的創始人及董事會主席。

在無趣的四年工作期間，每天下班後我都會盯著電腦螢幕，在網路上盡情瀏覽。網路有來自全世界、各式各樣的人——總會有方法可以透過我的文字接觸這些人，並且以此維生。

其實我的計畫目標是創業，不過我沒有修習過商業課程，也沒有讀過行銷書籍，更從不認為自己是企業家。

我希望培養出觀眾群，並且找到從中獲利維生的方法。幸運的是，我的毫無頭緒反而是優勢，因為網路徹底推翻了許多傳統思維。

當時，電子報是發表網路內容的主要媒介，部落格還尚未成為主流。我開始推出以流行文化為主題、內容幽默風趣的電子雜誌，希望透過販賣廣告獲利。

從吸引觀眾群的角度而言，我的確成功了，有數以萬計的讀者訂閱我的電子雜誌，其中一期甚至同時登上《娛樂週刊》（*Entertainment Weekly*）、《視覺與聲音》（*Sight and Sound Magazine*），以及我後來的落腳之處《奧斯丁紀事報》（*Austin Chronicle*）等雜誌版面。

然而，我沒有成功的部分，正是獲利。當今的網路廣告市場是紅海，但在一九九八年，對我這樣一個菜鳥來說，網路廣告根本是不可能的任務。

過一陣子後我發現，問題出在我並沒有可銷售的產品或服務。不過我後來又發現，其實自己有可銷售的東西，而且相信我……我非常需要那筆收入。

我的法律執照仍然有效，因此我在一九九九年開始發行另一份電子報，內容主要是網路相關的法律問題。我希望能獲得足夠的客戶案件以維持生計，同時思考出另一套商業模式。

隨著業績扶搖直上，我很快的開始推掉部分客戶，只挑選獲利最高的工作，確保收取最高額的律師費。這一切讓我感到十分不可思議，而更重要的是，我已經**完全上癮**了。

經歷一次失敗的創業經驗與一次成功的創業經驗，我理解到一件很重要的事：我喜歡創業。我並不是傳統的作家，而是**會寫作的企業家**，這正是我最大的優勢。因為群眾上網所追求的是內容，行銷與廣告則令人避之唯恐不及。我知道如何創作出前者，所以才能吸引並留住眾人目光，最終帶來收入、獲利，以及成功。

不過作為律師執業依舊不怎麼有趣，所以我把目光投向獲利豐厚的不動產業，而這個領域和我所了解的線上內容及行銷幾乎沾不上邊。二〇〇一年至二〇〇五年，儘管我對不動產業一無所知，事業範圍也只包含幾個內容豐富的網站，我還是選擇創立並開始經營虛擬不動產仲介。現在我的收入已經超過留在著名大型法律事務所的薪資，事實上，我的收入甚至高於許多資深合夥人。更重要的是我開始確信，針對培養潛在觀眾群設計相關內容，就是創業成功的關鍵。

二〇〇五年，我決定更上一層樓。其實我對不動產沒有太大的興趣，只是我必須證明自己即使跳脫法律圈也能成功。抱持這種信念開始創業後，我深信自己已經踏上了企業家之旅。

二〇〇五年十二月，我註冊了網域名稱——copyblogger.com。網站宗旨是幫助讀者學習獨特的技能：結合應用網路內容與文案寫作，而正是這項技能幫助我成功開創了三種服務事業。在二〇〇六年一月九日，網站正式開始營運。

Copyblogger從以前到現在的核心概念，就稱作「內容創業模式」。我能理解這個專業術語，部分要歸功於喬．普立茲這號人物，也就是你手中這本書的作者，稍後會提到更多關於普立茲的事蹟。

回到二〇〇六年；Copyblogger 一舉成功，儘管我對這個領域同樣一無所知，而這是因為眾人已經對傳統的部落格及網路文案寫作方法感到失望。我融合兩者並且推廣與當時主流相異的觀念：應該透過網路內容銷售商品與服務，而不是仰賴廣告。

以下是後續發展的要況：

二〇〇七年至二〇〇九年，我每年都會運用Copyblogger推出一項新的創業計畫，大多都是軟體公司，而每項計畫都會在一年左右達到七位數的營收。二〇一〇年，我整併了其中數間新創公司，組成Copyblogger Media企業，目的是實現更遠大的願景。

二〇一四年，Copyblogger Media針對內容行銷專家與網路企業家，推出一套完整的「軟體即服務」(Software as a Service, SaaS)系統，年營收也成功達到一千萬美元。

我有提過我們從未接受創投資金、也從未仰賴廣告，但依然年年獲利嗎？這一切都要歸功於我從二〇〇六開始培養的觀眾群。

現在，我已經不是唯一一位有這類成功故事的人物了，許多新創公司都是採用先培養觀眾群的模式而得以茁壯，尤其是透過經營部落格的方式。然而整體創業社群仍然沒有注意到這股潮流。

不過，當布萊恩．庫柏(Brant Cooper)與派翠克．沃拉斯科維茨(Patrick Vlaskovits)的著作《精實創業家》(*The Lean Entrepreneur*)出版後，狀況便有所改善，因為這本紐約時報暢銷書的內容包含對Copyblogger Media的個案分析。就在當時，我所提出的「最低可行觀眾數」(minimum viable audience, MVA)概念，終於觸及Copyblogger之外的世界。

當你培養出MVA之後，觀眾群會開始透過社群分享與口碑自行成長。除此之外，這時你也會開始收到回饋，有助於你判斷觀眾真正想購買的產品與服務。

在《精實創業家》中僅佔一頁的個案分析，確實讓許多剛起步的創業家大開眼界。不過你手中的這本書比較接近專業等級，書中的六步驟可以幫助你成功創立公司，就像我目前為止成立了七家公司一樣（還可以避免像我一樣在初期不停的失策和犯錯）。

像你這類的創業家必須構思一套內容策略，才能打造出成功獲利的公司。你不需要像作家一樣妙筆生花，但務必要像媒體製作人一樣思考。

想當然爾，在一九九八年我開始創業時，我願意為了讀到「內容創業模式」用盡一切方法。所以，請準備好拓展眼界吧。而除了這號從二〇〇一年就開始探討內容行銷的人物，還有誰更具資格談論這項主題？

喬．普立茲被稱為「內容行銷教父」可不是虛有其名，他運用書中所強調的「內容強化」與「觀眾為先」模式，打造出價值數百萬美元的企業。

如先前提到的，喬就是在二〇〇八年說服我採用「內容行銷」一詞的功臣，就像他說服了全球各地的行銷部門構思內容策略、用更聰明的方式行銷。喬．普立茲不僅是業界的優秀傳道者，更是受人景仰的人物。

現在就是開始創業的最佳時機，而「內容創業模式」則是最適合你的起跑點。如果你擔心從書中學到的手法和策略，不適用於此時此地，請容我分享以下的經驗。

二〇一五年一月，Copyblogger問世正好滿九年，我發行了一份簡單的電子報*Further*，是以個人發展為主題的讀物，這意味著我又再一次踏入對自己而言未知的領域。

儘管這項計畫尚未成熟，也沒有明確的商業模式，卻已經達到最低可行觀眾數，我也因此能夠讓計畫更上層樓，並且發掘觀眾群的需求——這正是樂趣和獲利所在之處。

這可能是我人生的頂峰，不過，你的登高之旅才正要從這裡開始。

布萊恩・克拉克（Brian Clark）
Copyblogger Media 執行長
美國科羅拉多州波德市

序章

> 明白事理的人使自己適應世界，不可理喻的人使世界適應自己。因此所有的進步皆有賴於那些不可理喻之人。
>
> ——蕭伯納（George Bernard Shaw）

二〇〇七年我從薪資七位數的出版業工作離職，接著開始創業。雖然我已經考慮辭職一段時間了，腦中也已經有想販售的產品，但這項產品卻無法在短期內準備完畢。所以我既沒有工作，也沒有產品可銷售（更沒有收入），這種狀況實在不太樂觀，尤其是要扶養兩個年幼的孩子（分別是三歲和五歲），又要一肩擔起房貸壓力。當時與我合作的網頁開發工程師還一口咬定，我們至少需要九個月才能讓線上服務順利運作，這真的不太妙。

該怎麼辦？由於沒有產品可推銷，我把注意力全部投注在培養觀眾群。我在數週之內架設好部落格，並開始經營。每週三至五次，我會撰寫並發表實用的相關資訊，提供給大企業的行銷人員參考，也就是我最終想要接觸並銷售新產品的目標觀眾群。幾個月後，我已經培養出一小群忠實讀者。

快轉到今日，我們的公司內容行銷學院（Content Marketing Institute, CMI）已經連續三年名列《企業》雜誌（*Inc.*）成長最快速的前五百大私人企業，並且成為北美地區最成長最迅速的商業媒體組織。過去四年來，我們每年的營收成長幅度都高達百分之五十，而在二〇一五年，公司營收將會創下一千萬美元的新高。

因為一場美麗的意外，我誤打誤撞的發現，有一種強大的模式可以在數位時代成功創業，而現在我更深信，這絕對是打進市場的最佳方法。將培養觀眾群視為**首要之務**，確定產品與服務則為次要；創業家可以透過這種模式翻轉遊戲規則，大幅提升財務層面與個人的成功機會。

請容我再次強調：我認為當今創業的最佳模式，絕對不是先推出產品，而是打造出吸引並培養觀眾群的系統。一旦培養出忠實觀眾，也就是那些受到你以及你提供的資訊所吸引的群眾，你就很有可能成功向觀眾銷售任何產品，而這套商業模式就稱作「內容創業模式」。

不過，我所發展出的這套模式是否難以複製，又是否有其他企業家和新創公司也採用類似策略呢？

大衛與歌利亞的真實故事

所有懷抱著成功夢想的企業家都會遇到困難，而這些種種困難都可以用聖經故事「大衛與歌利亞」概括說明，不過我們要用常見的兩種詮釋之一解讀這則故事。

我從小就開始接受天主教教育，因此經常聽到大衛與歌利亞之戰的故事。大衛是個徹頭徹尾的弱者；歌利亞則是非利士族巨人，也是地表上最強大的戰士。年輕的大衛根本沒有機會戰勝如此強大又高竿的戰士。

然而，大衛靠著對上帝的信仰以及**一把小石子**，也許再加上一點奇蹟，大衛成功擊敗了歌利亞。

傑克・韋曼（Jack Wellman）在其著作《基督教傳教者》（*Christian Crier*）指出：「歌利亞具備一切有力條件、佔盡所有優勢：他經過完整訓練、擁有良好裝備與豐富經驗，更因經歷多次戰鬥而顯得老練，他無所畏懼。歌利亞非常有自信，但也可說是過於自信。」此外，歌利亞還高達二百〇五公分。

至於大衛則是又瘦又小，完全無法與對手相比。年輕的大衛得以贏得勝利，是因為他對上帝有至高的信心，而上帝與大衛同在，因此巨人輸了這場看似不可能敗北的戰鬥。

大衛用手從囊中掏出一塊石子來，用機弦甩去，打中非利士人的額，石子進入額內，他就仆倒，面伏於地。

這樣，大衛用機弦甩石，勝了那非利士人，打死他；而大衛手中卻沒有刀。

大衛跑去，站在非利士人身旁，將他的刀從鞘中拔出來，殺死他，割了他的頭。

非利士眾人看見他們討戰的勇士死了，就都逃跑。（撒母耳記上 第十七章）

大衛是因為信仰上帝才能打敗歌利亞，當然，也是因為上帝與大衛同在，他才有信心獲勝。不過，這則故事也許可以用另一種方式解讀……

歌利亞：弱者

麥爾坎・葛拉威爾（Malcolm Gladwell）在著作《以小勝大：弱者如何找到優勢，反敗為勝？》（*David and Goliath: Underdogs, Misfits, and the Art of Batting Giants.*）中，採用全新的觀點解讀這則故事，而葛拉威爾的詮釋方法正好與我的創業精神不謀而合。

葛拉威爾指出，歌利亞的確是巨人，這也表示他的移動速度極度緩慢，另外，歌利亞還身著重達一百磅的盔甲。有些醫學專家認為，歌利亞患有肢端肥大症，這種賀爾蒙失調症會導致人體異常成長，如果以上猜測屬實，歌利亞的視力也很有可能受損。

那麼大衛呢？沒錯，大衛的身材瘦小，不過他也是個技術高超的「投石專家」，可以從遠處瞄準並擊中大型野獸。大衛的腳步輕盈，能夠無聲無息的靠近目標，即使距離遙遠也能成功狙擊。

聖經對這則故事的詮釋，讓我們了解到，像大衛這樣的弱者受到上帝眷顧，助其一臂之力擊敗歌利亞，而且是以非常強而有力的方式眷顧。事實上，歌利亞完全沒有獲勝的機會，**上帝眷顧大衛的方式，就是幫助他判斷出更好的策略**，這場戰鬥在開始前結局就已註定。

改變遊戲規則

大衛之所以能夠獲勝，是因為他採用和歌利亞完全不同的戰鬥方式。如果大衛改用傳統的決鬥方式對抗歌利亞，也就是一對一的肉搏戰，大衛肯定會大敗。

創業家腦中都有能夠讓自己飛黃騰達的絕妙想法，但大部分創業家所面對的狀況就像這則聖經故事一樣，無論是自立創業（bootstrapping）或募資創業，新創公司的資源完全無法和與之競爭的大型企業抗衡。

創業家無法獲得適切建議

根據美國中小企業局（Small Business Administration），創業的第一步是提出商業計畫。而一份標準的商業計畫必須包含如「定義產品」以及「設計銷售與行銷計畫」等要件，這是理所當然的事。如果你仔細看網路上數千份的商業計畫，會發現內容都大同小異，每一間新創公司都遵循相同的遊戲規則。

即使是PayPal共同創辦人以及Facebook首位一般投資人的彼得．提爾（Peter Thiel），也將其著作《從0到1》（*Zero to One: Notes on Startups, or How to Build the Future.*）的重點全部放在開發出全球從未

見過並為之驚豔的產品。當然，提爾確實提出了一些很受用的創業建議，但這些建議的前提卻和業界其他專家一模一樣：先開發產品。也就是找出問題，再用出色的產品或服務解決問題。

但這套模式的成果卻不怎麼出色；根據美國中小企業局統計，大多數公司會在創業後五年內倒閉，而其他針對新創公司所作的統計數字則更不理想。

為什麼所有人都要用相同的方式進入市場？難道人類的創造力已經空洞至此，全然相信只有一種方法才能打造並發展事業嗎？

「內容創業模式」是否可成功複製？

Copyblogger Media創辦人布萊恩．克拉克在本書的序已經分享過他的故事，而他的成功經驗也收錄在本書的個案分析中。布萊恩是位重操舊業的律師，他對於商業網路行銷有些絕妙的想法，但很不湊巧的（也許該說是幸運），他並沒有產品可銷售。

長達一年七個月的時間，布萊恩持續為一群目標觀眾創作十分精彩的內容，同時他將自己的終極使命定為：

> 創作出能與觀眾群接觸的媒體資產，毋需討好媒體守門人。

或是簡單來說：成為能夠吸引正確觀眾群的專家資源，且不必在他人的平台上購買廣告。

布萊恩確實達到目標了，現在Copyblogger Media已經是全球成長最快速的SaaS企業。在針對「內容創業模式」所作的研究中，我們發現無數名各產業的創業家都在運用相同的概念，換句話說，布萊恩和我並不是唯二因此成功的人。你知道更棒的消息是什麼嗎？「內容創業模式」確實可以成功複製（稍後會再詳細說明）。

「內容創業模式」的未來即是現在

在未來，全球將有數以千計的企業利用「內容創業模式」，擬定進入市場的策略，為什麼？因為將觀眾群視為唯一的重點目標，並且直接培養忠實觀眾，是釐清最終何種產品最適合銷售的最佳方法。

「內容創業模式」讓我們了解到，有一種更好的方式與策略，可以幫助創業家和企業主打造更美好的生活。你將有機會成為大衛，全球業界的巨頭也許會視你為弱者，然而事實上，你早已發掘出他人無法超越的絕佳商業策略。

「內容創業模式」

根據我們與上百間公司合作的經驗，並且經過數次與本書相關的訪談之後，我們發現「內容創業模式」包含六個明確的步驟（請見圖I.1）。

一、甜蜜點

簡單來說，創業家必須要發掘一個特定的內容領域，並且以此作為整個商業模式的基礎，而為了達成這項目標，我們需要先辨識出能夠長期吸引觀眾群的「甜蜜點」(sweet spot)。所謂甜蜜點，就是一套知識或技能(創業家或公司的長處)以及愛好領域(對創業家個人或公司而言有極大價值，或對整個社會有所貢獻)兩者間的交點。

例如，安迪·施奈德(Andy Schneider)就運用自己的高人氣打造出完整的事業版圖：「雞的悄悄話」(Chicken Whisperer)*。安迪的專業知識領域是家禽，保守點的說法是，他大概是全世界最了解如何在自家後院養雞的人物，此外，安迪也十分熱愛教學，總是盡可能的幫助朋友解決自家養雞的相關問題。

二、轉換內容

確認甜蜜點之後，創業家必須「轉換」觀點，也就是試圖辨認出區別自己與競爭者的關鍵因素，找

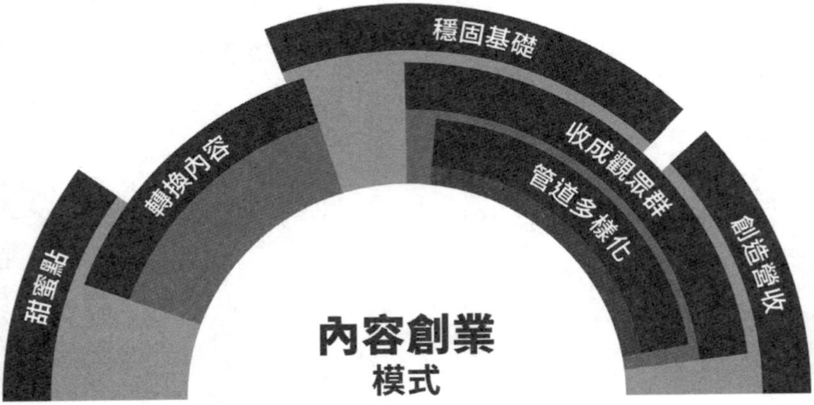

圖 I.1

出較少或完全沒有競爭者的領域。

克勞斯・皮格（Claus Pilgaard）是丹麥最有名的人物之一，全都因為他介紹辣椒的方式實在太過獨特。克勞斯的YouTube影片觀賞次數高達數百萬，其中最著名的影片就是克勞斯安排丹麥國家室內樂團演奏「嫉妒的探戈」（Tango Jalousie）一曲，同時請樂團吃下全世界最辣的辣椒。單是這則影片[**]的觀看次數就超過三百萬（這個數字已經多於丹麥總人口的一半）。

克勞斯的甜蜜點正是表演藝術能力與熱愛辣椒的交點，不過克勞斯發現，世界上已經有太多相關內容和專家搭上這股「辣椒熱潮」，卻鮮少有內容是與辣椒「風味」有關。克勞斯在一次訪談中解釋：

> 其實那時候我坐在避暑小屋裡，覺得有點無聊，我手上拿著攝影機然後突然想到：「如果像說明品酒一樣介紹辣椒會怎麼樣？」你要把重點放在其中各式各樣的味道，不是介紹酒的相關資訊，而是描述酒的風味，喝起來像咖啡呢，還是像某種食物？所以與其描述這些辣椒有多辣，我開始把大量心力投注在辣椒本身，並且向觀眾說明不同品種的差異。而（在吃辣椒的同時）我的身體自然會開始用另一種方式表演，這大概就是影片很受歡迎的原因。

* 安迪・施奈德是美國著名的養雞專家，以「雞的悄悄話」作為商標，發行同名雜誌、主持同名網路廣播節目、並著有同名書籍。

** http://cmi.media/CI-ChiliKlaus

克勞斯向來都對辣椒很有興趣，不過一直到他用「風味」訴說與他人不同的故事，克勞斯的商業模式才開始蓬勃發展。在甜蜜點加上「風味」這項特點（也就是所謂的「轉換內容」），正是他在競爭中脫穎而出的原因。

三、穩固基礎

確認甜蜜點並且轉換之後，我們需要選擇平台並且打穩基礎。就像建造住房一樣，在進入粉刷和選擇固定裝置及地板等步驟之前，必須先規劃和設置地基。這個階段的工作就是透過單一主要管道（部落格、Podcast、Youtube等等）持續產出有價值的內容。

目前，內容行銷學院（CMI）有紙本雜誌、研究論文、Podcast、長期工作坊等等管道，但在創立初期的四年間，CMI就只擁有一個部落格，而這個部落格就是當初吸引元老觀眾群的核心管道。最初只有我一人在經營部落格，大約以每週更新三次的頻率發表內容，接著在二〇一〇年，我們開放部落格讓其他幫手加入，部落格改為每週更新五次，最後在二〇一一年，部落格變成每日更新，即使週末也不懈怠。

直到部落格（平台）大獲成功，CMI才著手讓管道更加多元。

四、收成觀眾群

選擇適當的平台並建立穩固的內容基礎後，機會將會出現在眼前，你的觀眾數會增加，「一次讀者」也會轉為「長期訂閱人」。

此時就是我們善用社群媒體作為主要傳播工具的時刻，同時也要正視搜尋引擎最佳化的重要性。在這個階段，我們的目標並不只是增加網頁流量，畢竟就本質而言，網頁流量是沒有意義的指標。我們真正的目標是透過增加網頁流量，提升觀眾人數成長的機會。

以下是「社群媒體考察家」(Social Media Examiner, SME)執行長麥可．施特茨納(Michael Stelzner)執行這個流程步驟的相關經驗：

我們投入市場的時機也許已經不早了，因為當「社群媒體考察家」開始營運時，網路上已有數千個以社群為主題的部落格，不過我認為這正是進入市場的最佳理由。此外，我在開始經營後，從來沒有懷疑過自己的決定，因為我知道如何追蹤各種指標；也知道哪些才是真正重要的數據。我明白取得電子郵件地址清單是關鍵指標，因此我決定，電子報訂閱人數達到一萬人之前，絕對不推銷(也就是「販售」)任何產品。最終我們非常迅速的達到人數目標，於是我開始相信這種方式也能成功。

……去年SME達到一千五百萬獨立瀏覽人次，每天還向三十四萬人發送電子郵件。目前，我們每週會發表八到十篇原創文章。

在這個領域最重要的認知就是：儘管有許多指標可以用於分析網路內容是否成功，最關鍵的指標還是訂閱人數。如果沒有先吸引讀者採取行動，並且實際「訂閱」你的內容，透過觀眾群創造營收或是擴大觀眾群都是不可能的事。

五、管道多樣化

一旦運用這套模式培養出強大、忠實，且持續成長的觀眾群，就可以開始從主要內容平台發展出多樣化的傳播方式。請想像這套模式是隻章魚，而每一種內容傳播管道就是其中一隻觸手，我們可以運用多少觸手拉攏讀者，讓他們更靠近自己一點（甚至會再度光臨）？

一九七九年，ESPN原本是以體育專門頻道起家，由斯科特．拉斯穆森（Scott Rasmussen）與其父比爾．拉斯穆森（Bill Rasmussen）投資九千美元創立。而四十年後的今天，根據Forbes.com的統計，ESPN已成為全球獲利最高的媒體品牌，營收超過四十億美元。

十三年來，ESPN將重心全數放在單一電視頻道，百分之百專注於培養觀眾群。接著從一九九二年開始，傳播管道多樣化的大門開啟：首先是ESPN電台開播，一九九五年ESPN.com（起初網站名稱為ESPN SportsZone）跟著上線，再三年後，ESPN同名雜誌也開始發行。

目前，ESPN在全世界每一種傳播管道都有法定上的財產，從Twitter、Podcast、紀錄片，應有盡有。儘管上述的管道僅包含一九八〇與一九九〇年代的媒體（相較於今日），ESPN在核心平台（電視頻道）大獲成功前，並沒有貿然發展多樣化的傳播管道。

六、創造營收

現在就是最佳時機。你已經找到甜蜜點，接著「轉換」內容並找到競爭者稀少的領域，也選擇好平台且打穩基礎，然後開始培養訂閱人數，最後著手在其他平台發表內容。現在，就是這套模式透過平台創造收入的時刻。

此時此刻，你已經擁有充分的訂閱人資訊（包含量性與質性資訊），足以將各式各樣的機會呈現在你眼前，為你創造營收，這個機會可以是諮詢、軟體、活動，或其他更多元的服務。

Moz（原為SEOMoz）執行長蘭德・費舍金（Rand Fishkin）在二〇〇四年時，才剛開始經營探討搜尋引擎最佳化的部落格。五年內，Moz的電子報訂閱人數已超過十萬人。

蘭德原本是透過提供諮詢服務從觀眾群創造收益，不過在二〇〇七年，Moz開始針對軟體工具與報告提供測試版（beta）訂閱服務。到了二〇〇九年，Moz徹底停止提供諮詢服務，將重心完全放在向觀眾群銷售軟體。圖I.2為結果。

那有趣之處在哪呢？蘭德的成功經驗看似非比尋常，其實恰好相反。我越是深入研究就越是確信，這些數據對於採用「內容創業

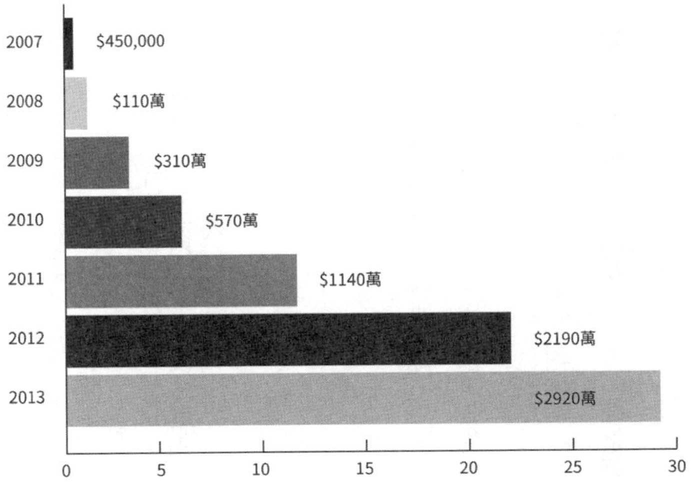

圖I.2　蘭德・費舍金讓Moz從搖搖欲墜的顧問公司，搖身一變成為成長迅速、價值三千萬美元的企業。

模式」的企業而言其實再正常不過。其中的關鍵在於確實遵循上述的六步驟，接著保持耐心、等待這套模式發揮作用。

適合本書的讀者

四十年前，哈佛商學院教授霍華．史帝文森（Howard Stevenson）用以下這段話定義創業精神（entrepreneurship）：

> 創業精神就是不顧現有的資源多寡，一心追求機會。

在開始為這本書進行研究之前，我認為**創業**指的僅僅是新創事業，然而根據上述的定義，這當然是錯誤的假設。正如艾瑞克．萊斯在著作《精實創業》（*The Lean Statup*）中指出，當你用正確的定義看待創業，應該「不需要考慮企業規模、部門，或發展階段等因素」。

同時萊斯也進一步說明：「一個由人組成、專事新產品或新服務的開發、未來發展具有高度不確定性的機構，稱之為初創事業。」同時探討**創業精神**與**新創事業**的核心定義，就是萊斯的論述重點，這兩個詞彙的指涉範圍絕不僅限於新興公司。

從這個觀點出發，再加以運用「內容創業模式」時，我們面對的狀況可能如下：

1. **純粹的新創事業**。你正在打造一個新的組織，並且採用先創作內容的商業模式。你仰賴來自四面八方的資金維持事業，直到發掘出可帶來營收的產品或服務。布萊恩．克拉克與copyblogger.com就是一例。

2. **大型組織內的新創事業**。你接到指示，要負責從現有的顧客區隔中培養觀眾群，目標是運用分眾內容培養出忠實的觀眾。而達成目標後，你要嘗試從平台創造營收，也許是銷售新產品、促銷現有產品，又或者是運用平台提升顧客的忠誠度。大多數企業進行的內容行銷都屬於這個階段，行銷部門認為只要經營一個內容平台，就能對現有的事業有所助益，但他們卻不是百分之百確定該如何進行，也不清楚最終的益處為何。

3. **發展停滯的事業**。目前你正在銷售數樣產品和服務，但對成長狀況並不滿意。你認為運用內容培養觀眾群，可以為事業找到新的轉機。樂高公司就是個很好的例子；數年前，樂高的成長呈現停滯，所以公司開始用新穎的方式看待觀眾群與平台。現在，樂高是間生氣蓬勃、持續成長的企業，這多要歸功於公司打造的多樣化內容平台。

「內容創業模式」中所提及的例子大部分都和打造全新或新興的事業有關，這些事業正處於培養觀眾群的發展階段，目標是透過創作內容並傳播，提升觀眾的忠誠與互動程度。不過即使如此，我認為本書內容仍可以應用於上述的三種「事業狀態」。

本書的組織方式

幾年前我和朋友亨利曾討論過，一篇部落格文章的字數應該是多少，他的回答至今無人能敵。亨利狡黠的說：「部落格文章就像迷你裙一樣……長度要夠長才能涵蓋重點，但又要短得令人感興趣。」

而這就是我撰寫「內容創業模式」每一章的標準；有些章節較長，是因為我認為該領域需要深入說明，有些較簡單的章節則較短。當然，本書經過一次次編輯，都是為了讓讀者對各個主題感到有趣和切身相關。

此外，我在大多數章節的最後部分，都有彙整出「關鍵主題」、「行動步驟」，以及「參考資料」等資訊。非小說類書籍最讓我無法忍受的一點，就是讀者一定要翻到最後幾頁才能找到參考資料清單。那麼，現在問題解決了……我們會把參考資料列在每一章的結尾。

最後一點……

儘管這本書並不是個人回憶錄，我還是會將所有的經驗與讀者分享，也就是我們如何運用「內容創業模式」打造事業版圖。我也會分享許多不同的案例研究，例如布萊恩和其他創業家的故事，證明「內容創業模式」並不是曇花一現的奇蹟。任何產業的任何一位創業家，只要遵循幾個關鍵的步驟，就可以應用先培養觀眾群、再開發產品的模式，打造出成功的事業。

衷心感謝你，願意付出時間與我一起開始這趟旅程。

如果今天是你人生中的最後一天，
你還會想要做你原本正要做的事嗎？

——史帝夫．賈伯斯

「內容創業模式」觀點

- 世界上大多數的新創公司都採取和競爭者相同的方式開始創業之旅，而既然大多數的新創公司都失敗了，為什麼我們還要用一樣的模式？創業公式需要改變。
- 我誤打誤撞發現了「內容創業模式」，而且我並不是特例。好消息是，只要透過「逆向工程」，也就是分析並推導我和其他人相似的成功模式，便能以系統化的方式成功運用「內容創業模式」。
- 無論你是一人創業家或是隸屬於大企業的創新團隊，在耐心等待與正確內容計畫的配合之下，「內容創業模式」都可以且一定會成功。

參考資料

麥爾坎．葛拉威爾，《以小勝大：弱者如何找到優勢，反敗為勝？》，時報出版，2013。
彼得．提爾，《從0到1：打開世界運作的未知祕密，在意想不到之處發現價值》，天下雜誌，

2014。

艾瑞克・萊斯，《精實創業：用小實驗玩出大事業》，行人，2012。

Scott Shane, “Failure Is a Constant in Entrepreneurship,” NewYorkTimes.com, accessed April 7, 2015, http://boss.blogs.nytimes.com/2009/07/15/failure -is-a-constant-in-entrepreneurship/.

Jack Wellman, “David and Goliath Bible Story,” Patheos.com, accessed April 7, 2015, http://www.patheos.com/blogs/christiancrier/2014/04/15/david-and -goliath-bible-story-lesson-summary-and-study/#ixzz3H9qKZLbb.

Holy Bible, New International Version, Grand Rapids: Zondervan Publishing House, 1984, 1 Samuel 17.

Eric Schurenburg, “What’s an Entrepreneur? The Best Answer Ever,” Inc.com, accessed April 7, 2015, http://www.inc.com/eric-schurenberg/the-best -definition-of-entepreneurship.html.

James Andrew Miller and Thom Shales, Those Guys Have All the Fun: Inside the World of ESPN, Little, Brown and Company, 2011.

“ESPN.com Facts,” accessed April 7, 2015, http://espn.go.com/pr/espnfact.html.

Claus Pilgaard, interview by Clare McDermott, January 2015.

Andy Schneider, interview by Clare McDermott, December 2015.

Rand Fishkin, interview by Clare McDermott, January 2015.

Mike Stelzner, interview by Clare McDermott, January 2015.

第一部　旅程開始

當所有人連一刻都不需等待，就能著手讓世界變得更好，該有多麼美好。

——————————安妮・法蘭克（Anne Frank）*

想要成功應用「內容創業模式」，必須先規劃正確的目標與計畫，那麼開始吧！

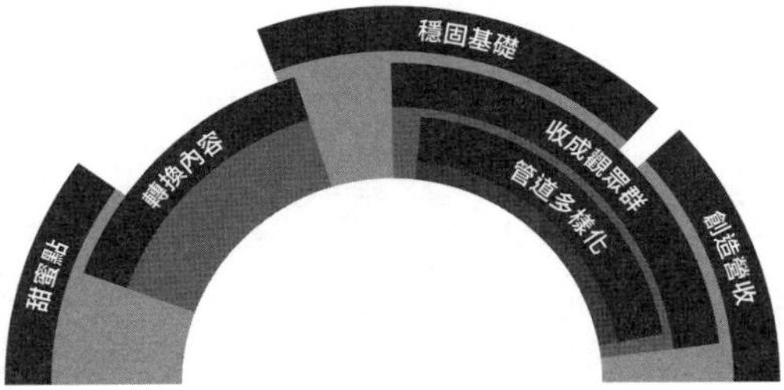

第一章
以終為始

目標引導你走向對你有利的改變方向。

——布萊恩・崔西（Brian Tracy）**

有很長一段時間，我覺得自己並不成功，雖然事後回想，更精確的說法應該是，我並不了解成功的定義。

我畢業於鮑林格林州立大學（位於俄亥俄州托雷多市南方），主修人際溝通。但事實上，我一直無法選定主修科目，直到剛升上大學三年級才決定，而我選擇主修這個領域的唯一原因，就只是人際溝通是唯一能讓我準時畢業的學位。

---

* 安妮用日記本記錄一九四二年六月十二日至一九四四年八月一日的戰時生活，即為後來的《安妮日記》，成為第二次世界大戰期間納粹德國屠殺猶太人的見證。

** 知名成功策略、業務行銷大師，著作暢銷全球，包括：《超級業務的秒殺成交法》、《征服自己》、《成功不難，習慣而已！》等等。

隨著畢業的時間接近，我發現自己可能很擅長運動行銷。畢業後，我很幸運的成為NBA克里夫蘭騎士隊的實習生，不過在發現大多數的營收都流向籃球選手後（營運團隊則是工時長、收入少），我決定攻讀研究所。

秋季學期開始的兩週前，賓夕凡尼亞州立大學的助教計畫剛好空出一個名額，為本人提供了大好機會。於是我在教授四個學期的演說課程之後，順利取得傳播領域的碩士學位。

在高學歷、卻缺乏工作經驗的情況下，我動身前往俄亥俄州克里夫蘭找工作，即使寄出上看數百份履歷，幸運之神仍然沒有眷顧我，於是我刪除履歷上的碩士學歷，開始投入兼職工作。做過幾份為期一個月的職位之後，我終於在一家保險公司落腳，負責處理公司內部的傳播企劃。

新工作開始不久後，我讀了拿破崙·希爾的《思考致富》(*Think and Grow Rich*)，這本著作對我有深遠的影響，幫助我釐清成功的定義以及自己的人生目標。我從頭到尾仔細的讀完這本書，不過只有一段強而有力的文字，令我印象深刻並謹記在心：

> 機會已經展現在你面前，等待你走上前來，盡情選擇，制定計畫，付出行動，堅持到底。

就在當時，我開始為人生設定目標。

接著，我又開始讀史蒂芬·柯維的《與成功有約：高效能人士的七個習慣》(*The 7 Habits of Highly Effective People*)，書中列出的第二項習慣是「以終為始」，意思就是：

每天、每個任務、每項計畫展開之前，你都要對自己的方向和目的有清晰的構想，然後再動員自己一切積極因素去實現它。

就在當時，我第一次實際寫下自己的目標。

我在保險公司任職三年並歷經數次升遷之後，離職前往奔騰媒體公司(Penton Media)尋求新機會，奔騰是北美地區規模最大的獨立B2B媒體公司，這間企業讓我有機會拓展所學，進一步了解媒體傳播的世界、行銷傳播，以及企業內容製作。我也在奔騰媒體學到了聆聽觀眾意見的重要性，並且更加熟悉媒體公司採用的各種商業模式。

二〇〇七年三月，我決定離開奔騰媒體公司(當時我的職位是客製化媒體部門副理)，主要原因是我認為自己對於公司的發展方向沒有實質影響力(之前我寫下的目標之一，就是對現有的工作有影響力)。於是我毅然決然離職，並且創立內容行銷學院的前身。

同年，加州多明尼克大學的蓋爾．馬修博士(Gail Matthews)提出一項發現：當人習慣寫下目標、與朋友分享，並且每週向朋友更新進度，相較於僅在腦中構思目標，完成預定目標的成功率會多百分之三十三。

因為如此，我開始和他人分享自己的目標；不過更重要的是，我會每天重新檢視這些目標，沒錯——我每天都會複習自己的目標，避免偏離軌道。

數年後，我讀完葛蘭特．卡爾登(Grant Cardone)的著作《10X法則》(*The 10X Rule*)，並且將目標分為以下六種類型：

- 財務目標
- 家庭目標
- 心靈目標
- 精神目標
- 體能目標
- 公益目標

從那一刻開始，我的人生走向有了超乎想像的轉變。

影響「內容創業模式」的兩種習慣

多年來，我的幸運程度可說是超出合理範圍，不過事後回想，前文所提到的兩種日常習慣，很有可能就是造就一切改變的原因：寫下目標並且堅持重新檢視目標。

為什麼我要分享這些經驗，而這些經驗和內容行銷以及本書又有何關聯呢？事實上，這一切都環環相扣。

CMI與MarketingProfs每年都會共同發表一份指標研究，探討北美、英國，以及澳洲的內容行銷年度態勢*。

一旦完成蒐集最新研究的初步結果，我們會深入分析資料，試圖釐清內容行銷高手（公開表示其內容行銷策略奏效的群體）與其他競爭者的不同之處。儘管分析後有許多特點浮出檯面，我們只觀察到兩點真正主要的差異；不同於其他競爭者，內容行銷高手有兩種習慣：

- 以特定方式（書面、電子化等等）記錄內容行銷策略（請見圖1.1）。
- 定期重新檢視並堅守計畫。

正因如此，在我們發現的所有特點之中，這兩種習慣對於內容行銷的成功與否影響最為明顯。這些習慣看似簡單，行銷圈卻少有人能長期保持。

* 完整研究請見http://cmi.media/CI-research。

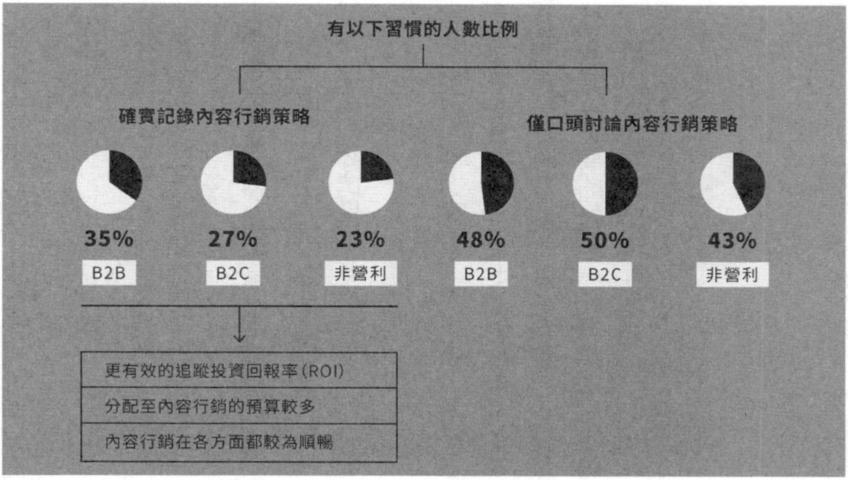

圖1.1　優秀的內容行銷組織有寫下計畫與記錄策略的習慣
資料來源：Content Marketing Institute/MarketingProfs

以我個人而言，相同的兩種習慣也造就了我人生中的改變與成功，在個人與專業方面都是如此。

首要之務

沒錯，本書的確包含許多可實際執行的建議，幫助你了解如何規劃並執行屬於你的「內容創業模式」行動計畫；但如果你沒有決定人生的走向，了解這些方法又有什麼用處呢？

我看過不少聰明絕頂的企業家創業，他們都認為自己的想法足以改變世界，然而數個月之後，卻因為沒有釐清首要之務而以失敗收尾。

你的努力要從現在開始。和我一起踏上旅程之前，你必須先依序排列六類目標。排列方法如下：在每一種目標類型之下，列出至少兩項可實際執行的目標，同時也要註記明確的數字與時程。你不需要馬上列出十全十美的目標，因為隨著你對自己更加了解，這些目標也會持續變化。也很有可能的狀況是，既然你正在讀這本書，屬於「職涯」方面的目標八成還無法有定論，不過別擔心，更透徹的理解本書內容之後，你就會有能力確立特定類型的目標。

「內容創業模式」小秘訣

嘗試運用Evernote追蹤你的目標，將目標隨時隨地帶在身邊，無論你正在使用電腦、平板，或智慧型手機。如果你不習慣運用以上方式，也可以用傳統的Moleskine筆記本將目標帶著走。

執行「內容創業模式」計畫

六大目標類型

財務目標

擁有可以遠端管理的企業以及優秀的員工。

1. ________
2. ________
3. ________

家庭目標

1. 有健康的子女，並且讓孩子有自信完成任何事。
2.
3.

心靈目標

1. 每晚和家人一起禱告。
2.
3.

精神目標

1. 每月讀完一本非商業類書籍。
2.

3. ________

體能目標

1. 每週慢跑三次，以及每年參加兩場半馬賽事。
2. ________
3. ________

公益目標

1. 協助俄亥俄州克里夫蘭成為一座活力充沛的城市。
2. ________
3. ________

運用「內容創業模式」的風險為何

當我放棄「真正的工作」並開始創業時，無數的親友都難掩擔憂之情。「你確定要冒這麼大的險，放棄安穩的工作嗎？」

會有這種疑問是理所當然的，我才剛組成家庭，兩名子女都還年幼。天啊，就連是創業家和企業主的朋友都質疑我的決定：放棄六位數的薪資以及優渥的各種福利。

不過問題是，儘管有些人認為我的職位「錢多事少」，我對公司的發展方向並沒有太多影響力，基本上我無法控制公司的作為或不作為。我不確定自己的職位是否危在旦夕，但我的工作確實是高風險，福利等等的附加好處都是如此。

你可以掌控什麼？

如果你有讀過羅伯特．清崎（因《富爸爸》系列而聲名大噪）的著作，你對風險的看法可能會和大多數人不同。清崎先生的思維大致如下：

如果你無法用一通電話或一封電子郵件，直接影響公司的營運狀況，那麼投資這間公司就像在賭場賭博一樣。

我也有投資股票市場，手上握有Facebook、Google、藝電（EA），以及其他企業的股票，但說實話，由於我無法直接用電話聯絡這些企業的執行長，並且影響公司改變，這些投資的風險對我來說確實偏高。無論你對投資股市有什麼想法，如果沒有辦法控制企業內部的決策，你就只是在碰運氣，希望有些公司可能因為某些原因，在長期會有較佳表現並增加市值。

創業的風險是否高於穩定工作？

在二〇〇五年年初的一次電話訪談中，有位記者對我說了這樣的評語：「你選擇離職並且採用全新的商業概念，真的非常冒險。」

而我的回應如下：

沒錯，一開始我似乎是冒著很大的風險，但事後回想，我其實做了最安全的選擇。隨著時間過去，我成了企業家，我的許多朋友卻失業了。我有幾位倍受敬重、絕頂聰明的教師朋友，在深夜和週末拼命努力，一心希望加稅法案通過，才能保住自己在學校的工作。我認識一些在寫作、繪畫、營造、設計等等領域不可多得的人才，都很難找到一份「穩定的工作」養家活口。而從盡可能掌控自己人生每一部分的角度來看，我相信自己的選擇才是風險最低的做法。

我很尊敬且看重許多親友為謀生所從事的職業，他們的付出以不同形式幫助了許多人，但我也十分擔心他們的生計。

儘管對我的許多朋友和同事而言，二〇一四年是十分精彩的一年，不少「公司內的朋友」卻因為組織縮編和重整而失業。

取回掌控權

並不是所有人都能成為創業家或成功應用「內容創業模式」，你必須難得的同時具備熱情、遠見、毅力、耐心，以及相信自己絕對會成功的不移信念。不過我認為所有人都應該開始用不同的角度思考，那些看似安全的選擇事實上都屬於高風險，你可以試著思考以下的問題：

- 以你的現況而言，你是否握有足夠的掌控權，可以為公司決定發展方向？公司執行長或領導人是否會與你一起參與會議，並且認真聆聽你的意見？
- 以你目前的角色，你可以採取什麼行動獲得上述的影響力？
- 你所投資的資產是否由你作主（例如：不動產或是對企業與個人投資），又或者你將所有資金都投資在「有勝算的賭注」(例如:股市)?

不論原因為何,我們都有迷思,相信某些事物很安全,其他事物則有高風險,我認為大多數人都戴著這種有色眼鏡思考。我希望你可以開始換個角度檢視自己目前的工作、生涯,以及投資狀況。

人生中有許多事情我們無法掌控,因此對於那些寥寥可數、可以確實掌控的事物,我們必須緊抓不放然後拔腿狂奔。

規劃過程中……

開始打造「內容創業模式」之後,你必須思考兩件重要的事:首先是公司的法律實體,以美國的例子來說,最常見的法律模式是創立有限責任公司(Limited Liability Company, LLC),並且以小型企業股份公司(S Corporation)中報所得稅(請根據你的需求向專業法律顧問諮詢)。第二則是僱用虛擬助理,若想讓「內容創業模式」順利發展,你必須全神貫注在營運工作之上,大量的電話聯絡和排程並不是什麼「可有可無的差事」,而是非常重要的作業。你可以參考以下兩種資源:Chris ducker*和Jess Ostroff**，兩者都可以提供優質的虛擬助理服務。

「內容創業模式」觀點

- 在你的「內容創業模式」旅程開始之前，先問自己為什麼。為什麼要創業？想達成什麼目標？預想自己真正想成為的樣子。
- 寫下並盡可能經常重新檢視目標。
- 深思以自己目前的職位而言，背後真正的風險是什麼。我們對風險的看法大多是受到他人影響，因此要試著用客觀角度檢視自己的現況，判斷「內容創業模式」是否值得你冒險。

參考資料

拿破崙．希爾，《思考致富：由念頭開啟強大吸引力，造就全球最多富翁的傳奇經典》，李茲文化，2015。

史蒂芬．柯維，《與成功有約：高效能人士的七個習慣》，天下文化，2014。

羅勃特．清崎，《富爸爸，窮爸爸》，高寶，2000。

Grant Cardone, The 10X Rule, Wiley, 2011.

Dr. Gail Matthews, Dominican University Goals Study, 2007, http://www.dominican.

edu/academics/ahss/undergraduate-programs-1/psych/faculty/fulltime/gailmathews/researchsummary2.pdf.

---

* http://cmi.media/CI-virtualstaff

** http://cmi.media/CI-dontpanic

第二章
《內容電力公司》的契機

無論你能做什麼，或是夢想自己能做什麼，現在就開始吧。
大膽無畏就是集天才、強大，及魔力於一身！

——約翰·沃爾夫岡·馮·歌德

我有幸在二〇一三年的聖地牙哥社群媒體行銷世界大會(Social Media Marketing World)與喬恩·魯莫(Jon Loomer)見上一面。就如同命運的安排一般，我們在開幕致詞時恰好並肩而坐，經過稍嫌尷尬的破冰對話之後，我和喬恩開始聊起自己的孩子和興趣，但真正引起我好奇的是喬恩的背景。

喬恩在過去經歷不少困境，要幫助兒子對抗癌症(神經母細胞瘤)，又在兩年半內遭解僱兩次，他當時正面臨人生的十字路口。

接著在二〇一二年二月，Facebook推出粉絲專頁的動態時報功能，喬恩立刻大受吸引。二〇〇七年喬恩在NBA.com工作時就已經對Facebook很感興趣，而Facebook推出的新功能更是讓這股熱情愈加強烈。所以喬恩開始在自己的網站JonLoomer.com，持續創作關於Facebook產品的內容，網站上的所有內容都極富教育意義、實用、且鉅細彌遺。

接著就像一瞬間的事，喬恩覺得自己茅塞頓開。第一年，他孜孜不倦的在部落格上發表關於Facebook的文章（單是第一年就累積了三百五十篇文章）。

截至二〇一五年，喬恩的每月頁面瀏覽量都超過四十萬人次，還有五萬名電子報訂閱人，希望每週都能收到他所提供的資訊。如果你想知道誰是最出色的高階Facebook行銷專家，喬恩絕對名列前茅。

最精彩的部分是……喬恩發展出極具價值且持續成長的事業，同時還可以年年擔任兒子的棒球教練。

二十年前喬恩的成就絕對不可能實現，而現在這套模式（就稱作「內容創業模式」）則大有可為。除此之外，我認為喬恩以及其他在本書中出現的人物，已經揭露了當今風險最低的創業模式。

「社群媒體考察家」創辦人麥可．施特茨納所說的這段話十分貼切：

> 這可不是輕鬆的差事，我絕對不是在唬人，如果有人告訴你運用內容創業是很容易的事，那絕對不是真的。你必須認清事實，整個創業過程會令人筋疲力盡、困難重重、費時又費力。不過如果你願意捲起袖子、弄髒雙手，也願意持續分析自己正在做的事、放棄行不通的做法、繼續執行有效的計畫，然後堅持到底，你就能變得非常、非常成功。

有哪些改變？

在一九九〇年以前，企業只能透過八種管道與顧客溝通：舉辦活動、運用傳真、直接發送電子郵件、電話聯絡、上電視、上廣播、利用告示板，或是透過紙本雜誌或簡報（請見圖2.1）。而在二〇一五年，顧客接觸內容的管道基本上有數百種。

在一九九〇年以前，大型媒體公司握有最大權力，因為他們掌控了傳遞資訊的管道……也因此掌控了觀眾群。二十五年後的現在，權力幾乎已經完全轉移到顧客手中，這也表示在今天的世界，任何人、在任何地點，都可以成為發行人並且培養觀眾群。這就是傳播市場的主要發展情形，無論事業規模是大是小，都會受到這股趨勢的衝擊。

我在前一本著作《史詩內容行銷》（*Epic Content Marketing*）中，詳細說明了這股強大趨勢產生的五大原因：

1. **科技屏障消失**。在過去，出版流程既複雜又昂貴，若採用傳統方式，媒體公司必須投入數十萬美元在複雜的內容管理與生產系統。而現在，只需要不到五分鐘（或五秒鐘？）任何人都可以在網路上發表內容。此外，目前擁有智慧型手機的人口幾乎達到二十億（資料來源：eMarketer），美國則有七成五的家庭可以使用網路（美國統計局）。簡而言之，人人都能發表內容，也能接收內容。

2. **人才募集容易**。十五年前我剛投入出版業時，想找到有特殊專業的作家或其他內容創作

即時通訊	即時通訊	
電子郵件	電子郵件	
活動	活動	活動
直接傳真	直接傳真	直接傳真
直接信件	直接信件	直接信件
電話	電話	電話
1999年	**1900年代**	**<1900**
電視	電視	電視
廣播	廣播	廣播
印刷品	印刷品	印刷品
展演	展演	展演
網站	有線電視	
網路搜尋	網站	
網路展示型廣告	網路搜尋	
付費搜尋	網路展示型廣告	
到達網頁(Landing Page)		
子網站(Microsite)		
線上影片		
網路研討會(Webinar)		
聯盟行銷		

圖2.1　一九九〇年之前，與顧客溝通的管道僅有八種，現在的傳播管道則有數百種。
圖片來源：Jeff Rohrs, Salesforce.com

Snapchat／WeChat
應用程式／推播通知
群組簡訊
社群DM
語音行銷
手機電子郵件
簡訊
時通訊即
電子郵件
活動
直接傳真
直接信件
電話

2015

電視
廣播
印刷品
展演
網站
網路搜尋
網路展示型廣告
付費搜尋
到達網頁
子網站
線上影片
網路研討會
聯盟行銷
部落格／RSS
Podcast
關鍵字內文
維基協作系統
社群網站
行動裝置網頁
社群媒體與廣告
虛擬世界
遊戲置入廣告
桌面小工具(Widgets)
Twitter
行動裝置應用程式
地理位置定位(Geolocation)
Pinterest
Vine
Periscope/Meerkat

手機電子郵件
簡訊
即時通訊
電子郵件
活動
直接傳真
直接信件
電話

2000年代

電視
廣播
印刷品
展演
網站
網路搜尋
網路展示型廣告
付費搜尋
到達網頁(Landing Page)
子網站(Microsite)
線上影片
網路研討會(Webinar)
聯盟行銷
部落格
簡易資訊聚合(RSS)
Podcast
關鍵字內文(Contextual)
維基協作系統(Wikis)
社群網站
行動裝置網頁

圖2.1　續

者，通常並不容易。不過有兩件事已經與當年不同了：第一，有聲譽的記者、作家，和創作人都非常樂意與非媒體公司合作；過去的內容創作者與非媒體公司合作時都會遲疑，因為這類工作經常被視為「較低等」，如今這種污名化的現象已不復存在。第二，無論是透過Google、數十個內容交易市場，或直接利用社群媒體，相較於過去都可以更容易招募到內容創作者；這表示，（只要有心）任何規模的企業都有機會接觸全世界最優秀的內容創作者。

3. **內容接受度**。首先我們要檢視當今消費者的行為：

- 六成一的消費者表示，自己對於發送客制化內容的公司較有好感，也較有可能購買該公司的產品（資料來源：Content Council）。
- 民眾比以前多花費五成的時間上網瀏覽內容（資料來源：尼爾森）。
- 七成的消費者偏好透過一般文章了解企業，而非透過廣告（資料來源：Content+）。
- 九成的消費者認為客制化內容很實用；七成八的消費者則認為，願意提供客制化內容的組織，就是有意願與消費者建立良好關係（資料來源：CMO Council）。

以上這些數據的重點在於，你不需要成為業界的《紐約時報》或商情雜誌龍頭，就能夠讓觀眾接觸到你提供的內容。現在讀者願意收到並閱讀任何實用的內容，例如改善生活品質、獲得更好的工作機會，或是解決特定的問題。**重點在於：人人都擁有一樣多的機會，可以發表各種絕妙又實用的內容**。

4. **社群媒體**。若沒有創作出有價值、不間斷，且吸引人的資訊並傳播，社群媒體絕對無法發揮作用。無論是個人或企業，想要成功運用社群媒體，就必須先說出吸引人的故事。有趣和實用的故事會遠播千里，這意味著我們負責創作內容，而行銷工作則由他人協助。**沒有扎實的內容作為動力，社群媒體就毫無用武之地**。

5. **Google**。每當Google更新搜尋引擎演算法，最新、最實用資訊的排名就會往前飆升，儘管這套系統並不完美，卻極度民主。這表示即使是規模最小的公司，只要了解如何創作並傳播數位內容，就有機會用正確的步驟擊敗大型媒體公司。

現在，任何人在任何地方都可以出版書籍、架設媒體網站，或拍攝正片長度的電影，也有能力直接接觸到觀眾群。舉例來說，跨界作家導演西恩貝克（Sean Baker）在二〇一五日舞影展推出最新電影作品《夜晚還年輕》（Tangerine），獲得一片好評。這其中特別之處，就是西恩貝克可是用iPhone 5S拍完整部電影。

體制瓦解處處可見，但在內容創作與傳播的世界中，這種現象最為明顯。

創業家和小型公司應該要更加樂觀，現今的科技普及意謂著，任何產業的任何企業都可以透過持續說故事培養出觀眾群。握有大筆行銷預算的企業再也無法吸引最多目光，現在，企業唯有重視提供訊息的品質，並且透過不間斷的資訊流通吸引觀眾，才能從中獲益。

進入「內容創業模式」

二〇〇七年，蘿倫．盧克（Lauren Luke）開始在eBay販賣彩妝產品，以彌補日間工作微薄的薪資，當時她在英國新堡擔任計程車調度員。為了提升在eBay的銷售量，蘿倫開始錄製化妝教學影片並放上Youtube。五年間，影片的累積觀賞次數達到一億三千五百萬，一段時間後，蘿倫在Youtube所培養的觀眾群甚至比雅詩蘭黛集團還要大。

蘿倫是如何辦到的？喬恩．魯莫又是如何成功的？這些案例都只是純屬極度幸運，又或是他們創業和經營有道，我們可以從中學習並模仿？他們是否只是恰巧發現了一套模式，不需要任何形式的高額資本，且核心資產源自販售知識？

經過兩年來無數次的訪談，我們終於可以解構並逆向推導出「內容創業模式」。正如序章所提到的，我們已經彙整出每位創業家共同採用的一連串步驟，可以幫助我們打造一套嶄新、有效，且適合新創公司的

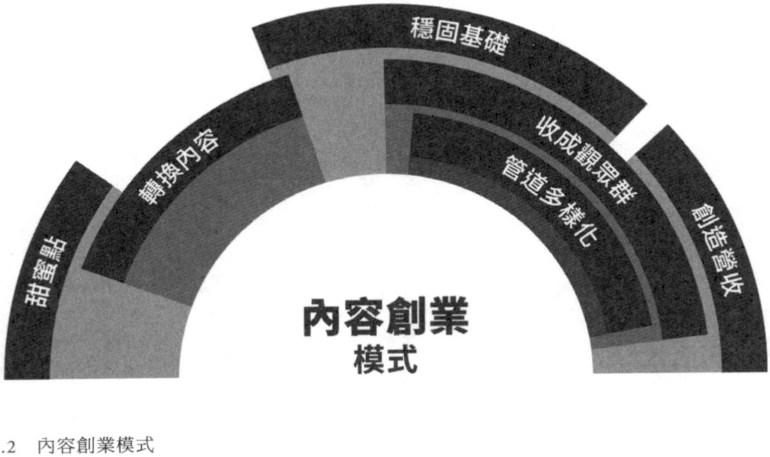

圖2.2　內容創業模式

商業模式（請見圖2.2）：

- **甜蜜點**。知識領域／技能以及愛好領域的交會點。
- **轉換內容**。在傳統內容之中尋找被視為非主流的定位，創造出真正不同於競爭者的領域。
- **穩固基礎**。在單一核心管道長期發表內容。
- **收成觀眾群**。將發表內容轉換為能夠吸引訂閱人的優勢。
- **管道多樣化**。在適當時機將發表內容拓展至其他管道。
- **創造營收**。選擇推出能夠為公司創造收入和獲利的產品或服務，從觀眾群創造營收。

除了每家公司的做法在細節上可能稍有差異之外，「內容創業模式」基本上就是由以上六個步驟組成。後續的章節中，我們會一一揭開各個步驟的神秘面紗，幫助你了解如何開始應用「內容創業模式」。

思考箇中原因

整合行銷之父暨《IMC整合行銷傳播》（IMC. The Next Generation: Five Steps for Developing Value and Measuring Financial Returns.）作者唐．舒爾茨（Don Schultz）曾指出，任何一家企業無論在何處，都可以模仿其他企業所採取的任何行動……只有一件事除外：溝通方式。我們與潛在客戶和顧客的溝通策略，才是讓自己與眾不同的唯一僅存方式。

羅伯特・羅斯（Robert Rose）和卡拉・強森（Carla Johnson）在著作《經驗：行銷的第七個紀元》（*Experiences: The 7th Era of Marketing*）中以舒爾茨的論點為基礎，並且進一步指出，內容以及顧客與內容互動的經驗，才是企業脫穎而出的最終原因。

這就是為何採用「內容創業模式」的創業家，會比其他企業更具策略優勢。這整套商業模式的重點就在於打造內容體驗並培養觀眾群，同時避免用任何形式推銷產品。

還沒有產品？太棒了！

有產品可銷售有時候正是「內容創業模式」無法成功的原因。以紙本雜誌業為例，多年來，紙本雜誌出版商太過在乎書面廣告收入，因此忽略了讀者對數位化的需求，而那些對趨勢視而不見的紙本雜誌出版商，早已消失在市場洪流中。

當你將心力全數投注在自己熟知的觀眾群，而不是專注於產品，好事通常會接踵而來。只要認真聆聽觀眾的聲音，自然會找到通往新產品的機會。這其中的困難在於，我們無法預測整個模式何時才會真正成形，這也是為何保持耐心是「內容創業模式」的關鍵之一。正如《業主》（*Owner*）雜誌創辦人克里斯・布洛根（Chris Brogan）指出，觀眾都熱切希望自身生活在某些層面可以有所改變；而專注在這一點上就可以使「內容創業模式」具有一定優勢。

向拿破崙．希爾學習「內容創業模式」

拿破崙．希爾的經典之作《思考致富》在一九三七首次出版，而今年是這本書的七十八週年，拿破崙．希爾的智慧依舊極為實用且珍貴，尤其在當今的世界更是如此。

欲望

凡事是人心所能想像並且相信的，終必能夠實現。

儘管運用「內容創業模式」創業必須注意不少事項，才能吸引並留住顧客，例如內容策略、內容規劃、內容組織、內容整合等等，但欲望才是關鍵中的關鍵。

每次在演講的場合我總會聽到有人反對以下的說法：大部分的企業根本就不渴望成為顧客和潛在客戶的資訊來源——這些企業的欲望就是不夠強烈，他們把內容創作視為雜事，而不是關係到公司存亡的核心顧客服務。

信心

信心是一劑永恆的特效藥，它為意念衝動注入生命、力量和行動。

渴望是一回事，但真心相信自己能成為業界的資訊專家可是另一回事。二〇〇七年我們剛成立Junta42（後於二〇一〇年併入CMI）時，堅定相信自己會成為業界的資訊來源，這一點毫無疑問，時間以及我們投入的精力、堅持會證明一切。

非媒體業的公司很少會抱持這種信念。當我還任職於奔騰媒體（商業媒體公司），有機會和公司主編群會面時，他們堅信公司就等同於業界的資訊來源龍頭，這完全是個不需討論的議題……當時就是如此。這正是你必須抱有的信念：成為業界的專家。

專業知識

普遍性知識不管數量多少、種類多寡，對於致富並沒有多大幫助……

內容無法成功的最大原因之一，就是缺乏專業。我曾經看過冷／暖氣機公司在部落格宣傳鎮上下週舉辦節慶的資訊；製造公司發表以人資典範實務為題的文章，簡直不忍卒睹。

若想要成為業界專家，你必須先明確定義顧客的急迫需求，以及自己要專攻的市場定位，這個定位將會改變業界生態，也會改變顧客的生活。此外，你也必須極度專精，並且將自己定位成業界的商情雜誌；專攻一個領域，然後成為其中的專家。如果是大企業，就必須採用分眾的內容策略，而不是一套廣泛卻無法對任何一位觀眾產生影響的策略。

想像力

據說，人可以創造出任何想像得出來的東西。

正如拿破崙．希爾所說：「想法是想像力的產物。」要使「內容創業模式」發揮作用，你不能只是一座「內容工廠」，而是要用心成為一座「靈感工廠」。你必須像新聞媒體報導「本日頭條」一樣，選擇符合內容定位（稍後會仔細說明）的新聞進行報導，接著根據你所選擇的內容，思考如何有創意的表達：視覺、文字、聲音等等，以新穎又吸引人的方式說故事。

決心

拖延，決心的反面，實際上，乃是每個人都必須克服的共同敵人。

拿破崙．希爾在著作中列出數百名全球最成功的人士，而當中每一個人都有迅速做出決定、需要時再緩慢修正的習慣。書中也指出，容易失敗的人無一例外都有相同的習慣：即使好不容易拖泥帶水的做出決定，也會很快且經常改變念頭。

這種成功的心態就是你在努力打造「內容創業模式」時，首先最需具備的特質。

毅力

意志力如果與欲望適當地結合在一起，就會產生不可抗拒的力量。

毫無疑問的，內容行銷失敗的最大主因就是突然中止。我看過一間又一間的公司開設部落格、發行電子報、白皮書計畫，或是系列Podcast等等，卻在數個月後停止執行。內容行銷是一場消耗戰，也是一段過程，成功並不會一夜之間降臨；想要成功，就只有長期投入。

在你興致勃勃的繼續閱讀本書之前，我必須先嚴正提出警告……釋放「內容創業模式」的力量，會伴隨著一定程度的風險，因此請先考量以下事項：

- **耐心**。這套模式需要時間發揮作用，本書所提及的許多個案在大放異彩之前，都苦撐了一、兩年或更久。你獲得的回報會很豐厚，但可能需要不少時間才能走到那一天。
- **資金短缺**。「內容創業模式」並不是短期的「快速致富」策略，你的目標是累積有價值的資產，而你在努力的同時，收入可能不多。盡量減少支出並精實管理，才有可能撐到穿越終點線。
- **背離主流**。「內容創業模式」是大多數專家都極度不贊同的概念，因此你正在努力的目標幾乎可說是其他人不曾想過的事。
- **由小到大**。許多人失敗的原因在於選擇的內容定位不夠小眾，他們害怕小眾定位的市場太小、無法獲利，但就我的觀察，這種現象從未發生過，大多數的失敗案例都是因為創業路線太廣泛而不夠專精。

既然你已經了解其中的風險，就請準備好迎接這套能夠改變人生的商業模式。只要堅持模式、避免消極，你將會成功在握。

「內容創業模式」觀點

- 成功應用內容創業模式需要時間，但風險並不會高於傳統商業模式。
- 與忠實觀眾建立良好關係之後，就可以開始開發產品與服務，最後你甚至可以銷售任何商品。

- 如果以正確方式運用「內容創業模式」，你將會具有一定優勢，因為幾乎沒有人比你更了解未來顧客的需求(和急需的資訊)。

參考資料

唐．舒爾茨、海蒂．舒爾茨，《IMC整合行銷傳播：創造行銷價值、評估投資報酬的五大關鍵步驟》，美商麥格羅．希爾，2004。

Jon Loomer, interview by Clare Mcdermott, January 2015.

"2 Billion Consumers Worldwide to Get Smart(phones) by 2016," eMarketer.com, accessed April 18, 2015, http://www.emarketer.com/Article/2-Billion-Consumers-Worldwide-Smartphones-by-2016/1011694.

"Census Bureau's American Community Survey Provides New State and Local Income, Poverty, Health Insurance Statistics," census.gov, accessed April 18, 2015, http://www.census.gov/newsroom/press-releases/2014/cb14-170 .html.

"Sundance: Sean Baker on Filming 'Tangerine' and 'Making the Most' of an iPhone," Variety.com, accessed April 18, 2015, http://variety.com/video/sundance-sean-baker-on-filming-tangerine-and-making-the-most-of-an-iphone/.

"AOL and Nielsen Content Sharing Study," SlideShare.net, accessed April 18, 2015, http://www.

slideshare.net/duckofdoom/aol-nielsen-content-sharing-study.

Robert Rose and Carla Johnson, Experiences: The 7th Era of Marketing, Content Marketing Institute, 2015.

第二部　甜蜜點

好的策略就是選擇該放棄什麼。

——————————麥可・波特（Michael Porter）

成功的內容創作者都有專屬的甜蜜點，現在該換你找到甜蜜點了。

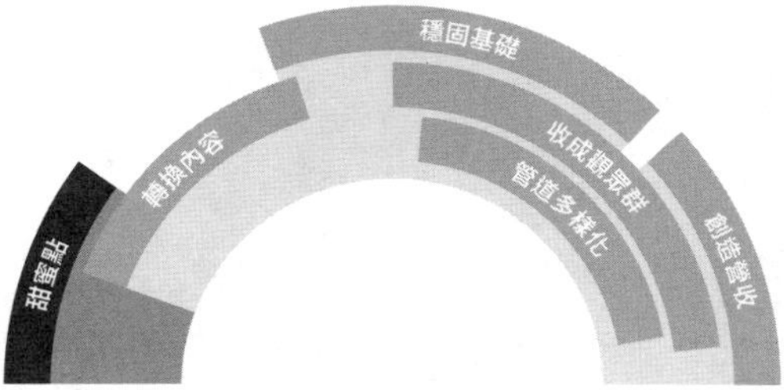

第三章
知識或技能＋愛好

你的使命就是發掘自己的使命，並且全心全意的讓自身投入其中。

——釋迦牟尼

馬修．派翠克（Matthew Patrick）的家鄉位在梅迪納這座小城市，就位在美國俄亥俄州克里夫蘭外圍。從有記憶以來，馬修就一直對電動遊戲很有興趣，以瑪利歐為主題的房間佈置伴隨著他成長，他也總是和朋友一起熬夜玩「龍與地下城」（Dungeons & Dragons）。高中時當班上大多數的男生到戶外運動，馬修卻選擇加入歌舞團、在管弦樂團拉中提琴，並且參與學校的每一場舞台劇。

沒錯，馬修熱愛表演，不過他也是個天才，他在SAT測驗獲得滿分一千六百分，順利進入大學攻讀腦神經科學。大學時期，馬修並沒有在每個週末參加兄弟會派對，而是舉辦「週五起司火鍋」之夜，大玩特玩「薩爾達傳說」（流行電玩遊戲）。

大學畢業後，馬修將目標放在演戲並搬往紐約，之後也在幾場表演中演出。在兩年間，馬修

＊ 著名管理學家與經濟學家。

把握每一次演出機會，不論角色為何，成就大約是紐約市挨餓演員的平均值。保守點說，日子並不好過，戲劇界不如馬修所想像的那麼美好。

二〇一一年，馬修放棄成為演員的夢想，決定去找一份「真正的工作」。然而，演技和導戲並不是創新企業所需要的才能，在接下來的兩年，馬修寄出無數份履歷，更糟糕的是，在失業期間他的信心跌落谷底，沒有人願意為馬修打開合適的機會之門。

馬修決定自立自強，並且寫出一份企業難以忽視的亮眼履歷。馬修認為只要能夠向雇主展示他知道如何培養觀眾群，也熟知新型態媒體的內部運作方式，企業就會了解這些技能的價值。

馬修在網路上觀賞關於透過遊戲學習的節目時，製作「遊戲理論」（Game Theory）影片的想法突然迸出。於是遊戲理論成為每週更新的YouTube系列影片，成功結合了馬修的愛好以及技能組合，也就是電動遊戲以及數學與分析（請見圖3.1）。

馬修在一年間共製作五十六集影片，並且累積了

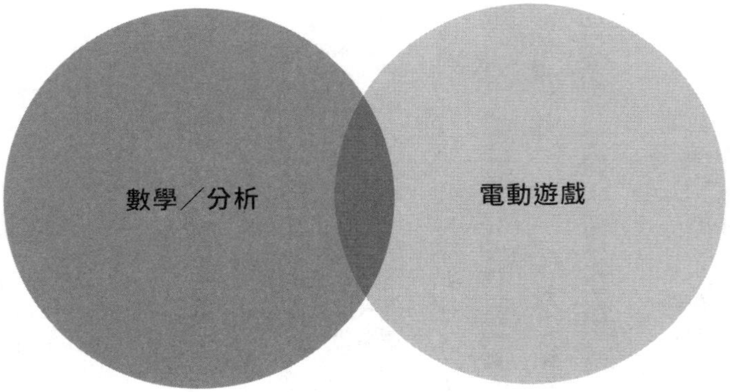

圖3.1　馬修．派翠克熱愛遊戲，並且具備數學與分析的知識專業，結合兩者後便發展出自己的甜蜜點。

五十萬名YouTube訂閱者，這些觀眾都對馬修如何分析數學與遊戲的關聯很感興趣。舉例來說，其中一集影片「PewDiePie*如何征服YouTube」（How PewDiePie Conquered YouTube）的觀看次數超過五百萬；「為什麼薩爾達傳說的官方時間軸並不正確」（Why the Official Zelda Timeline Is Wrong）這一集的下載次數更超過四百萬。

目前，馬修．派翠克的「遊戲理論」品牌已經吸引超過四百萬名訂閱者，一些全球最大牌的YouTube名人直接找上馬修，請他協助提升影片觀看人數。就連無所不能的YouTube公司本身也聘請MatPat（馬修的網路暱稱）為顧問，請他協助YouTube維持並提升觀眾人數。

甜蜜點

起步於現在的立足點；運用現在擁有的一切；完成現在可以做的事。

——亞瑟．艾許**

成功應用「內容創業模式」的第一步，就是找出甜蜜點。簡而言之，甜蜜點是知識或技能領域和愛好的交點（請見圖3.2）。

---

* 網路影片名人。
** 美國網球手。

首先讓我們參考其他內容型創業家所發掘的各種甜蜜點。

克勞斯・皮格〔以「辣椒克勞斯」（Chili Klaus）聞名〕

正如序章所介紹的，克勞斯從小受栽培成為音樂家，他順利進入皇家音樂學院就讀，並於一九九六年畢業。

克勞斯曾擔任丹麥幾齣諷刺歌舞劇（review／revue）的音樂總監，並以Klaus Wunderhits一名稱為人知曉，他甚至曾登上當地的綜藝節目Varieté 007。

克勞斯一直都是很出色的音樂家，但直到他發現屬於自己的甜蜜點，也就是結合音樂與辣椒之後，克勞斯才真正成為丹麥最具影響力的人物之一（請見圖3.3）。

蜜雪兒・潘（Michelle Phan）

年紀還小時，蜜雪兒・潘就發現自己是天生的藝術家，簡單的說，她的繪畫技術不會輸給任何人。蜜雪兒的童年一團混亂，她在年幼時經歷過好幾次舉家搬遷，而且很不幸的，遭受虐待對她而言是家常便飯。

在臉上作畫（化妝）因此成為蜜雪兒宣洩壓力的出口，她相信化妝可以讓每一個人都成為超級英雄，有能力逃離、甚至擊敗邪惡的一方，即使困難重重也一樣。二〇〇五年，蜜雪兒開始經營

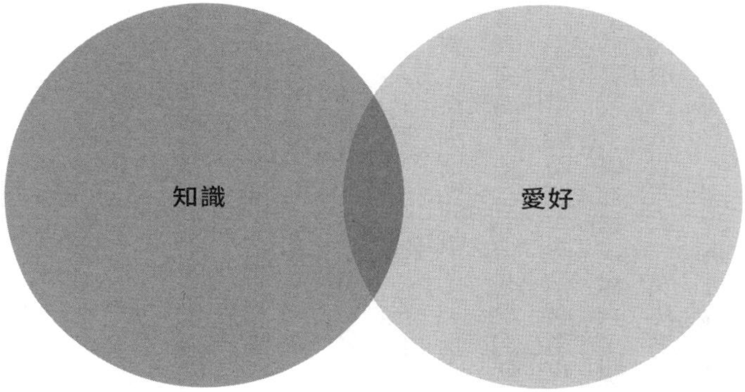

圖3.2　甜蜜點

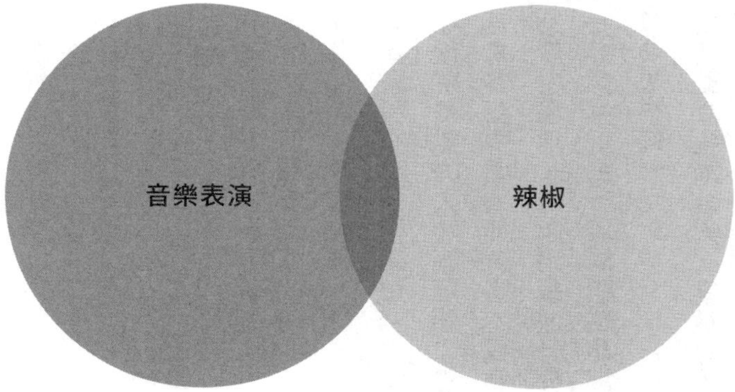

圖3.3　克勞斯・皮格擁有表演音樂的技能並且對辣椒十分感興趣，結合兩者便形成了強而有力的甜蜜點。

部落格，結合她的藝術繪畫技能和對美妝的熱愛（請見圖3.4）。

目前為止，蜜雪兒的彩妝教學影片已經有超過十億（沒錯，就是十億）的觀看次數。成為YouTube上的超級明星之後，蜜雪兒開始拓展事業版圖，包括出書（二〇一四年出版）以及推出一整套由萊雅集團生產的美妝產品——em。

安迪．施奈德（以「雞的悄悄話」聞名）

安迪．施奈德不僅是後院養雞界的霸主，也是解決任何雞隻相關問題的首選達人。住在亞特蘭大地區的安迪開始在後院養雞之後，先選擇將雞隻直接販售給朋友，後來又在Craigslist*上銷售。有許多人對於在自家養雞很有興趣，但他們需要學習非常多相關知識才能著手開始，於是安迪在亞特蘭大安排「定期聚會」，為這些有意在自家後院養雞的人解答疑惑（請見圖3.5）。

根據安迪的說法：「這些參加聚會的同好都是來自亞特蘭大都會區；我們每個月聚會一次，然後盡情享受這段時間，我們會選擇餐廳包廂作為聚會場地，一起用餐並且分享彼此的經驗、相互學習。於是我上網搜尋，找到了很實用的資源Meetup.com，這個網站非常受歡迎，全國有相同興趣的人透過這個方式，成功舉辦了數百萬次的定期聚會。」

接著，安迪的社團改為每個月聚會數次，而隨著社團逐漸壯大，當地媒體也開始關注。當地的CBS分公司決定採訪安迪，此舉又引起亞特蘭大第一大報《亞特蘭大憲政報》的注意。從此之後，安迪將「雞的悄悄話」的版圖擴張至書籍、雜誌（訂閱數超過六萬份），以及廣播節目，目前廣播

＊美國大型免費分類廣告網站。

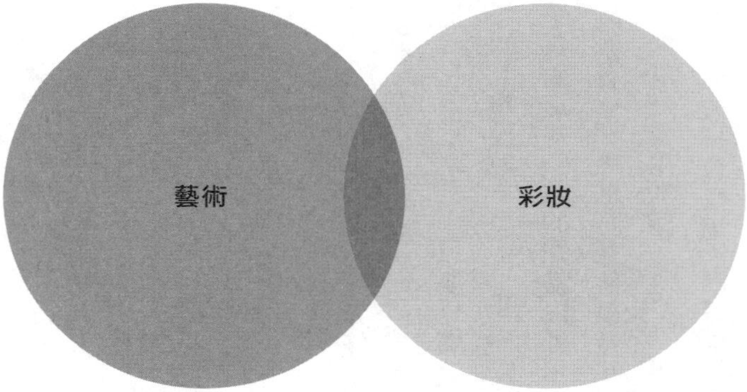

圖3.4　蜜雪兒・潘是技術精湛的藝術家，她結合對彩妝的熱愛以及藝術專業，讓自己變得與眾不同。

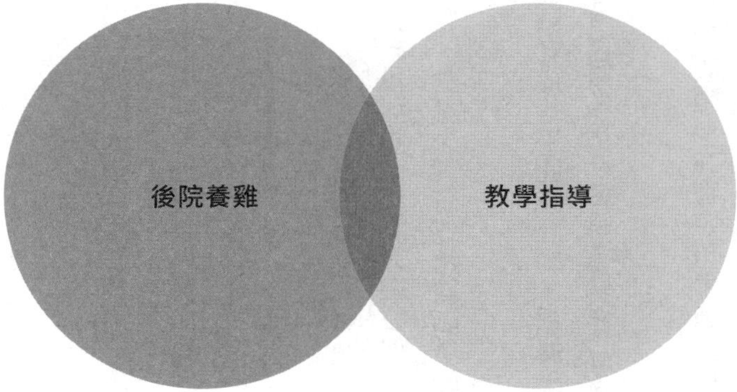

圖3.5　安迪・施奈德的甜蜜點是結合自家養雞的知識以及對教學的熱愛。

節目已經邁入第六年，每週收聽人數超過兩萬人。此外，安迪也在美國國內旅遊巡迴，由他的主要資助來源飼料廠商 Kalmbach Feeds 獨家贊助。

發掘專業技能或知識領域

透過分析各個「內容創業模式」個案可以發現，應用這套模式時需要先發掘個人的特殊知識領域或是獨特技能。所謂「知識」指的是什麼？知識就是透過研讀或觀察所習得、關於特定領域的資訊。

約瑟夫．卡利諾斯基（Joseph Kalinowski）是內容行銷學院的創意總監，他具備的知識（定義如上所述）涵蓋數個領域，包括 KISS 樂團、匹茲堡鋼人美式足球隊、星際大戰公仔，以及威士忌品牌傑克丹尼（Jack Daniels）。只要是屬於以上領域的話題，約瑟夫就可以用該領域的專業知識，讓一般人佩服的五體投地。

除了具備這些領域的知識以外，約瑟夫還是經驗老道的平面設計師。根據 dictionary.com，「技能」的定義是「可以將某件事做好的能力」，或是一個人在特定領域具有「專業或才幹」。簡而言之，技能就是善用知識。

如果約瑟夫打算採用「內容創業模式」，並將目標設定為在特定市場或人口區間培養一群觀眾，他可以從自己具備的知識領域中擇一，或是可以仰賴自己的平面設計技能。

如何開始？

如果你是個人單獨創業，請先列出自己相較於一般人更具優勢的領域，也就是你在該領域具備更出色的技能組合或是知識。這個階段需要腦力激盪，所以目前是答案越多越好。

知識領域

特殊技能

如果你以正確方式完成這項練習，列出的知識領域應該會大幅多於專業技能。

我的清單如下：

知識領域	特殊技能
音樂劇	演說
比利·喬的歌曲	非小說寫作
橘色	規劃出版模式
克里夫蘭的運動隊伍	教學
八〇年代棒球卡	

也許你的狀況和銦泰科技（Indium Corporation）比較類似。銦泰科技是跨國製造公司，總部位在紐約上州，主要是研發和製造電子組裝業的材料。就公司的核心事業而言，銦泰科技專門研發焊接材料，也就是防止電子零件鬆脫的材料。

瑞克·修特（Rick Short）是銦泰科技的行銷宣傳總監，他很清楚銦泰的員工絕對比全球任何一家公司都還要了解工業焊接設備。這是很合理的判斷……畢竟焊接正是銦泰科技生產最多產品的領域。

除此之外，銦泰的風氣不僅提倡共享知識，更提倡從個人惠及人人。公司內部有各領域的專家樂於分享經驗，行銷團隊也熱衷於運用社群媒體分享知識（在製造商中屬於特例，尤其以二〇〇五年而言；請見圖3.6）。

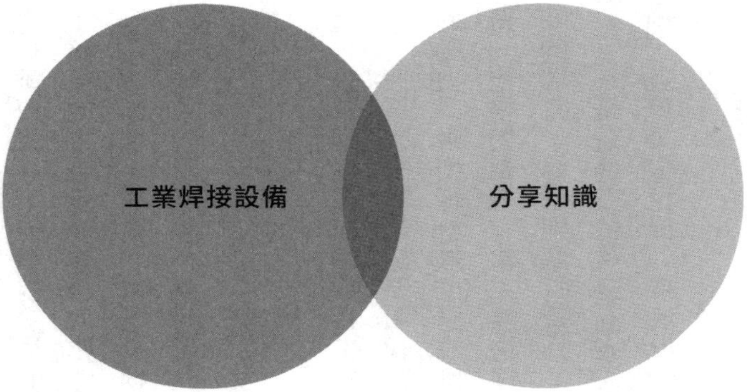

圖3.6　鋼泰科技的甜蜜點幫助公司成為工程焊接領域的資訊專家龍頭。

針對這個甜蜜點所挑選的平台就是部落格，目前鋼泰科技旗下有超過七十個部落格和二十一名部落客。由於第一個部落格從二〇〇五年就開始經營，鋼泰科技成功開發出更多潛在客戶，行銷投資支出卻比前期降低了二成五。

釋放熱情

二〇〇五年史帝夫．賈伯斯在史丹佛發表畢業演說，這段影片的觀看次數已經超過一千萬。在演講中，賈伯斯向畢業生提出以下的建議：「你必須找到自己熱愛的事……成就偉大事業的唯一方法就是熱愛自己所做的事。如果你還沒找到自己的熱情，繼續尋找，不要妥協。」

《如何成為出眾人才》(*So Good They Can't Ignore You*)的作者卡爾．紐波特認為，如果當初賈伯斯確實遵循上述的建議，蘋果電腦根本不會問世。紐波特指出：「如果年輕的史帝夫．賈伯斯聽了自己的忠告，然後決定只追求自己熱愛的工作，現在他大概會是洛思阿圖斯禪修中心最受歡迎的老師。」

《賈伯斯傳》（*Steve Jobs*）的作者沃爾特・艾薩克森則有不同的看法，他認為賈伯斯的愛好並不限於禪學佛教，而是對簡樸的熱切追求。史帝夫・賈伯斯的生活哲學就是極簡，這種態度也影響了蘋果的核心設計理念。如賈伯斯所說：「我們經營公司、設計產品、廣告行銷的方法，都回歸到這個原則：簡單，越簡單越好。」

蘋果公司能夠一飛沖天，要歸功於賈伯斯對簡樸的熱切追求，就如查爾斯・希瓦柏的名言：「只要對任何事情抱有無限的熱情，幾乎不可能失敗。」

熱情正是「內容創業模式」成功的要素；技能是一回事，但熱情才是驅動整套模式的力量。這也是為何創業家願意花上數月、更多時候是數年，持續創作內容，並耐心等待最終的回報。

簡單來說，若想要順利應用「內容創業模式」，你必須每天都因為對甜蜜點抱有熱情而有醒來的動力，否則絕對無法達成目標。馬修・派翠克熱愛電動遊戲；安迪・施奈德有教學熱忱；克勞斯・皮格對辣椒有常人無法理解的熱情；蜜雪兒・潘每天醒來後，都期待著為自己化妝；鋼泰科技的瑞克・修特則慧眼獨具，善用公司樂於分享知識的風氣。

正是這些「愛好」讓創業家得以達成目標；運用「內容創業模式」時，熱情才是發動引擎的能源，就算集全世界的技能於一身，「內容引擎」也無法在缺乏熱忱的情況下啟動。

沒有熱情「內容創業模式」就無法成功嗎？

傑伊．貝爾（Jay Baer）是行銷顧問公司「說服與轉換」（Convince & Convert）的執行長，同時也是《紐約時報》暢銷書《幫上忙，才是真行銷》（*Youtility*）的作者。以下這段文字節錄自傑伊的訪談，內容是他對「內容創業模式」以及熱情的看法：

在沒有興趣的領域，你很難創作出好內容；如果你對自己創作的內容毫無熱情，這些內容就不太可能出色到具有影響力。這也是為什麼那些特別擅長創作內容的人，都有真正熱愛的事情，不論是熱愛內容行銷這項專業，或是熱愛創作內容的主題。

馬可斯．謝里登（Marcus Sheridan）（River Pools & Spas前執行長）之所以成功，並不是因為他是全世界最優秀的作家，而是因為他真心希望能讓大眾更了解游泳池。喬．普立茲之所以成功，是因為他全心致力於推廣內容行銷，而不是因為擁有異於常人的寫作技巧。我們這些作者很少強調熱情的重要性，因為我們希望大家相信，只要有心創作內容並且遵循書中的建議，任何人都能做到相同的事；沒錯，任何人都可以做到，但如果不是抱有相同程度的熱情，還是無法真正成功。

如果你有十足的熱情，也極度渴望分享並教學任何自己感興趣的主題，你所創作的內容就會有充分的吸引力，你所注入的熱情會足以打造出前所未有的事業。在十年前，你甚至沒辦法……像是……自行發行報紙，所以沒辦法應用這種模式吧？但是現在，你可以大聲說，我要每天製作一則YouTube影片介紹日本威士忌；接著只要你夠認真、夠勤勞，總有一天你會成為大家眼中的日本威士忌達人，你可以接廣告、可以演講、可以把握任何接踵而來的機會。

另類觀點解析甜蜜點

如果你正在經營成熟、已有產品線的企業，發掘知識／技能與愛好之間的甜蜜點，可能會不太容易。我在前一本著作《史詩內容行銷》中，提出了另一套甜蜜點公式，也許可以作為替代方案（請見圖3.7）。

這套新公式的重要性為何？你的企業也許已經具備專業的知識領域，但卻無法與顧客產生連結。例如，通用電氣公司有幾名擅長經營策略的經理，而通用素以內部訓練計畫聞名，換言之，這個領域的知識無法應用於為顧客解決問題或急迫需求。因此，就通用電氣想透過「內容創業模式」鎖定的客群而言，經營策略知識並不適用原本的甜蜜點公式，內容仲介公司「速度夥伴」（Velocity Partners）的共同創辦人道格．凱斯勒（Doug Kessler）認為，甜蜜點橫跨了三度空間：你必須

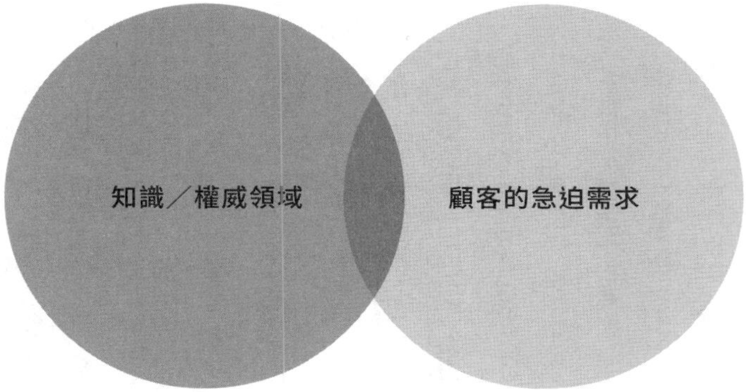

圖 3.7　善用愛好領域對於大型組織而言比較困難，在這種情形下，可以將愛好領域替換為顧客的急迫需求。

知道精確的大小、廣度，以及深度。

- **大小**——甜蜜點應該是個專精的領域，越專精越好、不遺漏任何一個細節。
- **廣度**——清楚了解自身的專業範圍與極限。即使具備特定領域的知識，也不表示你自然能在其他領域成為權威。
- **深度**——專業的深度適當即可，毋需假裝自己的專業更具深度。

我發現這套甜蜜點公式在大型企業間較受歡迎，我也觀察到兩種甜蜜點公式分別在不同情況下發揮作用，因此你只需要找到最適合自身情況的公式即可。

「內容創業模式」觀點——

- 「內容創業模式」的首要步驟是發掘甜蜜點，也就是知識或技能領域與愛好領域的交點。由於沒有愛好領域就無法發掘出甜蜜點，因此對於愛好的熱情才是促使我們繼續努力、直到「內容創業模式」成功的主要動力。

- 我們可能具備許多領域的知識和技能，卻沒有太多真正的愛好。人生苦短，不該每天為了毫無興趣的事情工作，所以你的首要之務應該是尋找自己熱愛的事情。
- 如果你的公司並非新創企業，可以考慮用顧客的急迫需求取代愛好領域，由此發掘合適的甜蜜點。

參考資料

Matthew Patrick, "Draw My life: Game Theory, MatPat and You," YouTube.com, accessed April 19, 2015, https://www.youtube.com/watch?v=8mkuIP_i3js.

Matthew Patrick, interview by Clare McDermott, February 2015.

Andy Schneider, interview by Clare McDermott, January 2015.

Michelle Phan, "Draw My life: Michelle Phan," YouTube.com, accessed April 19, 2015, https://www.youtube.com/watch?v=05KqZEqQJ40.

Bruce Johnston, "How Indium Figured Out Their Social Media Marketing Content," Practicalsmm.com, accessed April 19, 2015, http://practicalsmm.com/2012/06/25/how-indium-corporation-figured-out-their-social-media-marketing-content/.

CrSA, Inc., "B2B Social Media Case Study Guide: Indium (Manufacturing)," SlideShare.net, accessed April 19, 2015, http://www.slideshare.net/ csrollyson/b2b-social-business-case-study-indium.

The Apple History Channel, "Steve Jobs Stanford Commencement Speech," YouTube.com, accessed April 19, 2015, https://www.youtube.com/watch ?v=D1r-jKKp3NA.

Cal Newport, "Do like Steve Jobs Did: Don't Follow Your Passion," FastCompany.com, accessed April 19, 2015, http://www.fastcompany.com/ 3001441/do-steve-jobs-did-dont-follow-your-passion.

Walter Isaacson, "How Steve Jobs' love of Simplicity Fueled a Design revolution," Smithsonianmag.com, accessed April 19, 2015, http://www.smithsonianmag.com/arts-culture/how-steve-jobs-love-of-simplicity -fueled-a-design-revolution-23868877/?no-ist.

Jay Baer, interview by Clare McDermott, January 2015.

"Difference Between Knowledge and Skill," Differencebetween.net, accessed April 19, 2015, http://www.differencebetween.net/language/difference -between-knowledge-and-skill/.

Doug Kessler, "B2B Content Marketing: Finding Your Sweet Spot," Econsultancy .com, accessed April 19, 2015, https://econsultancy.com/blog/9279-b2b -content-marketing-finding-your-sweet-spot.

第四章
甜蜜點加上觀眾群

我眼中的甜蜜點就是生產眾人喜愛的產品，再持續精進讓眾人更加喜愛這項產品。而其他策略都只是商場上的雜音罷了。

——諾蘭・布希內爾

二〇一四年初，我有機會參與一場加拿大多倫多企業行銷人員工作坊。在工作坊的一次交談中，有位部落格管理人任職於市值數十億的科技公司，她說自己在經營部落格時遇到了問題。她每天在部落格上更新的內容越來越多，但網站流量卻是一灘死水，訂閱人數和交流頻率更是一路往下掉。

我提出的第一個問題是：「部落格的觀眾群是誰？」

她回答：「我們希望部落格可以吸引十八類不同的觀眾群。」

「我知道你的問題在哪了。」

誰是關鍵對象？

甜蜜點指的是滿足所有要素之後，在付出不變的情況下獲得最多回報。

——維基百科

無法成功應用「內容創業模式」的企業不在少數，問題就在於，這些企業發掘知識領域／技能以及愛好領域的交點之後，便止步不前。截至目前為止，所有的努力都是關於我們本身，我們要分享自己的知識，但有人在乎嗎？可能不多。

為了完成發掘甜蜜點的公式，我們需要確認「對象」，誰是內容的觀眾群？請記得，要讓「內容創業模式」發揮作用，就必須找出打造引擎的方法，好讓自己成為特殊小眾市場的資訊專家龍頭。首先，我們要盡可能的精確定義目標觀眾群。

嘗試回答下列問題：

1. 對象是男是女？他們如何度過平凡的一天？
2. 對象的需求為何？關鍵問題並不是「為什麼他們需要我們的產品或服務？」而是「他們需要什麼樣的資訊，又有什麼急迫的需求，所以與我們訴說的故事有連結？」
3. 這些對象為什麼要關注我們、我們的產品及服務？提供給這些對象的資訊才是引起關注或吸引目光的關鍵。

你在設想「對象」時不必鉅細彌遺，但至少要有充足的細節，你才能在腦中清楚刻劃出他們的形象，並且為這些對象創作內容。

英國仲介公司「速度夥伴」的共同創辦人道格．凱斯勒指出，甜蜜點就是「你的公司比任何人都還要了解（或者至少要和其他專家一樣了解）的事情」。而釐清「對象」可以幫助你滿足所有條件，順利發掘出你的甜蜜點。

River Pools & Spas前執行長馬可斯．謝里登現在是全球最具公信力的玻璃纖維游泳池專家，專為有意購入游泳池的屋主提供建議。如果馬可斯的目標觀眾是玻璃纖維游泳池製造商，他所提供的內容將會大不相同。「對象」就是讓內容具備成功條件的關鍵。

River Pools & Spas的成功故事

River Pools & Spas公司專門裝設玻璃纖維游泳池，經營範圍包含維吉尼亞州和馬里蘭州，旗下員工有二十人；二〇〇九年後期，公司面臨困境。在金融大海嘯期間，屋主減少外出，也不可能購買玻璃纖維游泳池，更糟的是，原本有計劃購入游泳池的顧客，開始要求River Pools退回訂金，有些金額高達五萬美元或更多。

幾週之後，River Pools的支票帳戶宣告透支，不僅無法支付員工薪水，公司也可能就此關門大吉。

River Pools & Spas的執行長馬可斯．謝里登認為，生存下去的唯一方法就是從競爭者手中搶下市占率，這表示要用另類的方式思考如何讓公司進入市場。計畫剛開始時，River Pools的年營收僅約略高於四百萬美元，每年卻花費將近二十五萬美元行銷，在維吉尼亞州還有四家同業的市占率都高於River Pools。

兩年後的二〇一一年，River Pools & Spas已經成為北美地區銷售量最高的玻璃纖維泳池裝設公司，行銷支出也從二十五萬美元降低為四萬美元，同時公司的得標率高出一成五，並成功將銷售周期（sales cycle）縮短一半。當River Pools的銷售量增加超過五百萬美元，同期間一般的游泳池裝設公司卻流失了五成至七成五的銷售量。

想當然，River Pools & Spas成功的繼續營運。

馬可斯是如何做到的？他想遍並記錄顧客可能有的任何疑問，接著在部落格上回答這些問題。現在，不論是搜尋引擎的檢索結果或是社群媒體的分享次數，都顯示馬可斯和River Pools & Spas是提供玻璃纖維游泳池相關資訊的全球領導者。

故事後續

River公司的故事傳遍全球，是當紅的「內容創業模式」範例，但有件事你可能不清楚，River Pools現在的版圖之所以遍布全國，甚至稱得上是跨國公司，都是因為內容創作。世界各地的公司都希望馬可斯能協助裝設游泳池，還有公司希望他遠赴海外提供服務。不過很可惜的，River Pools的服務地區非常侷限，無法善加利用這些額外的需求量。

踏入製造業。River Pools決定開始自行生產玻璃纖維游泳池，而這一切的起因就是內容曝光。現在River Pools & Spas將自身定位為玻璃纖維游泳池裝設暨製造公司龍頭，這可是出乎所有人意料的經營方向。

一旦你運用內容培養出觀眾群，銷售額外產品的機會將會多得永無止境。River Pools & Spas就是執行「內容創業模式」的最佳實例。

落實計畫

加上考量觀眾群的需求後，甜蜜點涉及的層面就多了一層（請見圖4.1）。

現在讓我們再次談談老朋友「雞的悄悄話」；安迪・施奈德原本的甜蜜點是結合後院養雞的知識領域以及教學指導的熱忱。

不過現在我們要加上考量觀眾群，進一步釐清甜蜜點（請見圖4.2）。

在這個階段，我們已經有足夠的資訊，用一句話就能定義甜蜜點。這個推導過程和媒體公司開始構思編輯宗旨（第六章會詳細說明）的方式很類似。

安迪．施奈德的事業宗旨大概會接近以下這段話：

> 協助都市郊區的住戶，解決任何在自家養雞過程中可能產生的疑問。

化零為整

先前已經展示過甜蜜點的視覺化範例，現在我們要讓這個模式的涉及層面更廣。你可以運用下列實用的樣本表格，開始構思策略的初始階段。

宗旨：＿＿＿＿＿＿＿＿

主要觀眾：（越明確越好。）＿＿＿＿＿＿＿＿

＿＿＿＿＿＿＿＿

（接續第九十四頁）

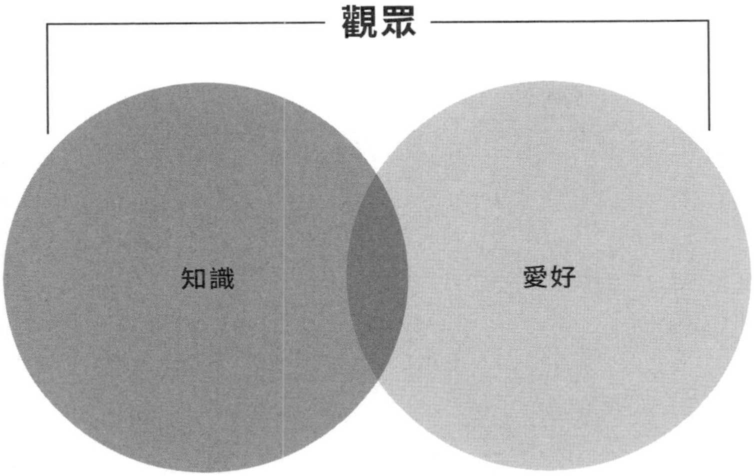

圖 4.1　在交點上加入你的目標觀眾，甜蜜點的定義會更加清楚。

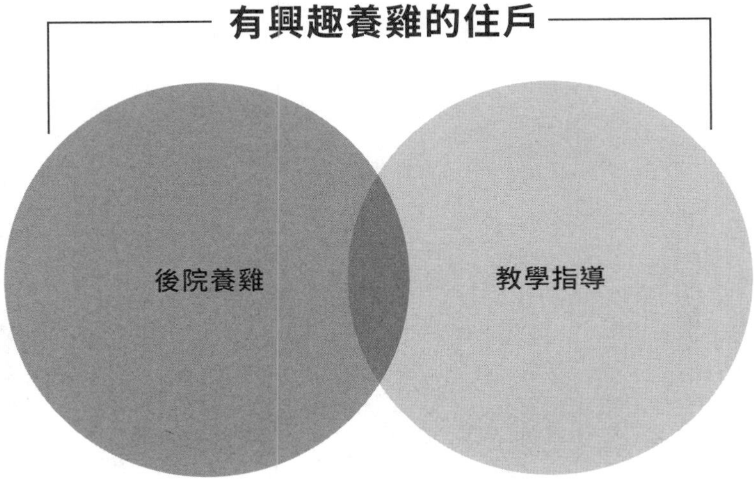

圖 4.2　用目標觀眾框住甜蜜點後，可以釐清甜蜜點的定義。

職稱／職位範例：

本組織的重要性：（這是很關鍵的第一步，可以開始考量觀眾群的購買力。第二十二章會詳細說明如何創造營收。）

主題領域範例：

以下是以內容行銷學院為例完成的表格，我們的內容是針對三類不同的觀眾群所設計；不過請注意，當我們在二〇〇七年運用「內容創業模式」時，只專注於培養一類觀眾群，後來才分別在二〇一四年及二〇一五年，開始培養第二及第三類觀眾。

內容行銷學院（CMI）

宗旨：推動內容行銷實務

主要觀眾：內容行銷從業人員。CMI可協助大型企業組織員工規劃並執行內容行銷策略。

職稱／職位範例：內容行銷總監、內容行銷經理、數位策略經理、行銷副理、數位行銷經理、公關經理／總監、社群媒體總監、傳播總監。

本組織的重要性：大多數組織仍採用付費媒體行銷，然而CMI認為在未來十年間，由企業品牌直接製作的內容才是行銷主流，運用企業的外部資源推出廣告或代言活動將不再盛行。當今的企業對於這股趨勢毫無招架之力，因此需要針對內容行銷的策略與戰術，推行大量教育訓練。

主題領域範例：構思策略、培養觀眾群、實施流程（包含取得行政支持，以及持續針對進度說明與溝通）、創作內容、推廣與傳播內容、衡量績效與投資報酬率（ROI）。

智慧內容計畫（Intelligent Content）

宗旨：協助企業的內容行銷人員學習、保持積極，並做足準備，以成功透過任何一種裝置，在正確的時間、以正確的管道、向正確的觀眾、傳遞正確的內容；如此一來這些內容（以及負責設計、創作、和傳播的人員）才會受到觀眾與企業的重視。

主要觀眾：智慧內容計畫可以協助有需了解「內容背後機制」的對象。

- 負責提升內容在企業組織內影響力的內容策略顧問
- 需要拓展內容業務並提升執行效率的行銷人員

職稱／職位範例：內容策略顧問、使用者體驗設計、行銷變革管理、技術傳播人員、行銷總監、行銷技術專員、數位內容經理、數位行銷經理、行銷計畫經理、行銷科技專員。

本組織的重要性：大多數內容行銷計畫的目標都是取得一、二項成果，不過簡單的說，智慧內容計畫沒有設限。智慧內容指的是善用科技和流程達到以下目標：

- 內容在組織內被視為一項資產
- 採用策略讓內容可以在有顧客有需要時重複運用，還能以多種形式呈現、達到多種效果。
- 新一代的內容行銷計畫在本質上必須更加智慧，才能協助行銷工作在整體組織中取得領導地位。

主題領域範例：分類學、全球化、企業內容管理、個人化、自適應設計（Responsive Design）、內容工程、內容再利用、在地化／翻譯、靈活的行銷流程、脈絡化（contextualization）。

「內容創業模式」

宗旨：協助創業家採用內容為主、而不是產品或服務為主的策略；此外，累積媒體資產是取決於與觀眾的接觸，而非媒體守門人的決定。

主要觀眾：創業家、成長中的新創企業、希望擴大版圖的小型公司。

職稱／職位範例：創辦人、執行長、運營長、企業主、駐點創業家（entrepreneur-in-residence）、執行總監。

本組織的重要性：我們認為新一代大型企業必須專注於培養觀眾群，而非只是推出新產品與服務。

主題領域範例：如何運用內容白手起家創業；讓內容行銷具備成長潛力；如何培養觀眾群；選擇合適的內容定位；如何評估訂閱人；善用員工能力推動行銷；選擇商業模式。

在電影《歡迎來到布達佩斯大飯店》中，門僮的職責就是徹底了解顧客，甚至可以設想到顧客的需求。現在你的目標就是如此，你必須徹底了解觀眾，讓自己有能力長期創作出吸引人的內容，而你的觀眾剛開始甚至沒有發覺自己需要這些內容。

如果你想運用容易上手的資源辨認出真正的觀眾群，這篇關於觀眾人物誌（Persona）的CMI文章（http://cmi.media/CI-personas）會很有幫助。

「內容創業模式」觀點

- 要成功運用內容型策略，你必須在觀眾心中有不可取代的地位，這意味著你必須善用策略，讓自己成為特定內容領域中，真正的資訊或娛樂專家領導者。
- 目標觀眾群的範圍越大，就越容易失敗；你必須盡可能的精確定義觀眾群。
- 剛起步時，千萬不要以一個以上的觀眾群為目標，以免停滯不前。選定單一的觀眾群，並且成為觀眾群中無可取代的專家，達成這項目標之後，就可以開始經營其他的觀眾群。

參考資料

《歡迎來到布達佩斯大飯店》，Fox Searchlight Pictures，二〇一四年三月上映。

第三部　轉換內容

想像力失焦時，不可相信眼睛所見。

——————————馬克・吐溫（Mark Twain）

全球市場上已經有太多相似的內容，若想成功運用「內容創業模式」，你必須脫穎而出，現在開始動手吧！

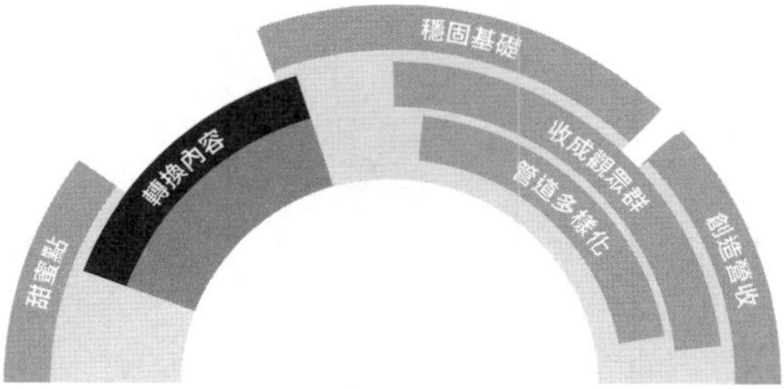

第五章
了解「轉換」的力量

當鱒魚飛躍出水面，與其說是在游泳，不如說是轉動魚鰭後，一股腦衝向天空。

——約瑟夫·蒙寧格（Joseph Monninger）*

在基努·李維和勞倫斯·費許朋主演的電影《駭客任務》中，基努·李維的角色（尼歐）必須通過測試才能證明自己是「救世主」；當尼歐站在等候區，看到一名年幼的門徒拿起一支支湯匙並用念力折彎，尼歐在門徒旁邊坐下之後，小男孩告訴尼歐，他必須用不同的角度看待湯匙……事實上湯匙根本就不存在。

不久之後，尼歐學會改變大腦的認知方式，成功的緩緩將湯匙折彎。

不同的成功故事

* 美國著名當代作家。

PayPal共同創辦人（另一位是特斯拉汽車創辦人伊隆．馬斯克）以及Facebook首位一般投資人彼得．提爾認為，大多數的企業之所以失敗，原因就是一味模仿其他競爭者。提爾在著作《從0到1》中對企業提出建議，認為他們應該「發掘出沒有人做過的事，並且試圖在未經開發的領域取得獨占優勢。找出無人解決的問題。」可惜的是，大多數公司所創作的內容和訴說的故事，與其他競爭者毫無差異。

如果你在Google上搜尋「搜尋引擎最佳化電子書」（SEO e-book），會得到超過兩千萬筆結果，有太多企業用相同的方式談論相同的主題。傑伊．貝爾認為，大部分的企業其實只是從未嘗試過找出本身應該取得的內容定位。在一次訪談中，傑伊提出他對這個概念的看法：

> 這就像是：「我喜歡編織，所以我要開設一個關於編織的部落格。」你確定嗎！網路上還有其他二十七個談論針織的部落格，為什麼有人會想看你的文章？你和其他部落客有什麼不同嗎？你有什麼特別之處？又有什麼有趣之處？讀者有什麼理由要放棄已經追蹤三年的針織部落格，選擇讀你的部落格？如果你無法回答這些問題，就必須再重頭開始，而我發現大多數的創業新手都沒有進行過這種競爭力評估，這種狀況非常危險。

網路上有上百個關於辣椒的部落格，都是在介紹辣椒的「辣度」。克勞斯．皮格則找到另一種說故事的方式，讓自己在這場內容競賽中獨樹一格……他的內容主題是辣椒的「風味」。克勞斯選擇轉換內容，扭轉了戰局。

轉換內容

「內容創業模式」的成功條件就是內容要有所不同，你的內容必須填滿無人填補的內容漏洞。正如彼得．提爾的建議，我們必須找到一個無人解決的問題領域，並且運用內容開拓這片領域。這個步驟就是所謂的「轉換內容」。

轉換的原文是tilt，這個英文單字有兩個主要的定義；第一個是造成歪斜、傾斜、斜度，或斜面，如果我們讓玻璃杯或是桌子傾斜，就可以從不同的角度觀察這兩個物品。《駭客任務》中的尼歐歪了歪頭，用不同的角度觀察湯匙，而正是因為這個動作，尼歐體會到其中的奧義。

第二個定義則是瞄準或刺穿，例如在長槍比武時刺出長矛。在這個定義中，我們要尋找內容定位，並從中創造機會開始攻擊、領導、最終掌控整個領域。

儘管發掘甜蜜點是「內容創業模式」流程中的重要步驟，轉換內容才是讓你在市場中與眾不同的關鍵。《品牌聯合》(*Brandscaping*)的作者安德魯．戴維斯(Andrew Davis)將這個階段稱為創造「誘因」——在熟悉的主題上做個簡單的變化，目的是誘導或吸引觀眾。如果你的內容「轉換」不夠明顯，無法說出一個真正獨特的故事，這些內容就會沒入網路上各種零碎的資訊中，就此被人遺忘。

個案分析：安．雷爾頓(ANN REARDON)

居住在澳洲雪梨的安・雷爾頓是「YouTube烘焙女王」。二〇一一年，安產下第三個兒子後，開始尋找在夜間哺乳時間可做的事，於是她開始經營名為「如何煮出那道菜」（How to Cook That）的食譜網站。「我每週會發表一份食譜文章，也會錄製一些影片搭配網站內容，但影片檔太大無法上傳到網站，所以我把影片上傳到YouTube，再把影片嵌入網站。」

走入家庭之前，安原本是具備正式資格的食品科學家和營養師（技能領域），同時她也熱愛教學以及與小孩相處，因此後來安決定轉換跑道，在較為貧窮的澳洲西部從事青少年相關工作。

安分享這段經驗時說：「我非常愛這份工作，也有很多美好的回憶。不過我們的預算非常有限，所以我在當時自學如何為青少年機構編輯影片，也學會如何為各種活動準備餐點。一段時間之後，有些年輕人問我是不是能教他們烹飪，於是有一群年輕人開始和我一起烘焙，我們都很享受在廚房的時間。」

你可能會認為食譜部落格和YouTube上的烘焙教學影片不算什麼新鮮事，你的想法並沒有錯，真正讓安與眾不同的是轉換內容。

安的食譜和烘焙教學全都是以超乎想像的成品為主題，例如用重達五磅的士力架巧克力棒製成甜點，還有切開後剖面和Instagram商標一模一樣的蛋糕。

「很多人開始經營YouTube頻道時，會嘗試模仿其他人做過的事，但已經來不及了，」安如此解釋。

「僅僅是一個呼吸的瞬間，上傳到YouTube的新影片加起來就有足足有八小時，所以我必須讓觀眾有理由回到我的頻道看影片。」

二〇一二年一月，安發現自己的YouTube頻道訂閱人數達到一百人，心中激動不已；整整三年後，安的頻道訂閱人數已經累積超過一百萬人，每週更會收到（不論你相不相信）超過三千筆留言，平均每個月，安的影片觀看次數都會超過一千六百萬。

除了透過YouTube合作夥伴收益賺取大量收入，安也推出了名為「驚喜蛋糕」（Surprise Cakes）的應用程式，以及另一個用於分享照片的應用程式；此外，她也獲得不少贊助內容的機會，例如和電器公司鉑富（Breville）以及康寧餐具等品牌合作。

沒錯，安的確發掘了屬於自己的甜蜜點，也就是結合食品知識和對教學的熱情，不過，安選擇製作超乎想像的食物成品以轉換內容，才是她脫穎而出的關鍵（圖5.1）。

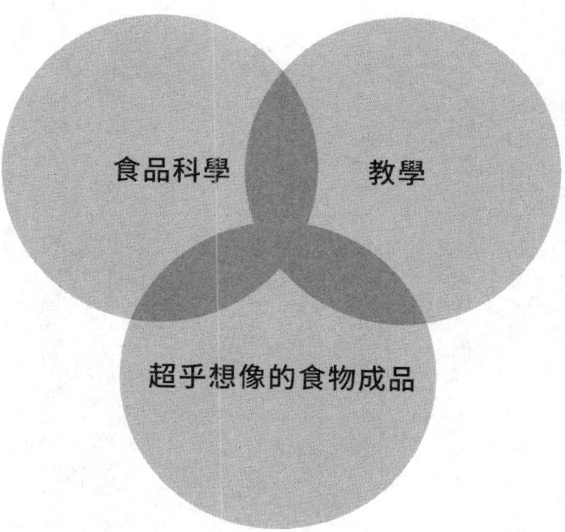

圖5.1　安・雷爾頓運用「超乎想像的食物成品」轉換內容，讓她的創作內容在數千個烘焙相關部落格之中獨樹一格。

新創事業與內容的特殊挑戰

波士頓地區新興創投公司NextView Ventures的平台總監傑伊．阿昆佐（Jay Acunzo），正在與幾間新創科技公司合作進行內容行銷。奇怪的是，儘管大部分的新創公司都希望能根據自身的市場定位，製作出全球最出色的產品，他們卻不相信自己創作的內容也能做到最好。

傑伊在一次訪談中表示：

我問新創公司，你們認為在現在或未來，無論你們在市場上發現了什麼問題，公司的產品會不會成為解決這個問題的最佳方案？因為這才是科技公司創辦人創業的真正原因；他們發現問題，而且想用優於既有方法的方案解決問題，所以這些創辦人全都一致回答：當然，我們的產品絕對比競爭者還要好。

於是我又問，為什麼你認為產品可以做到最好，但內容卻不行？而對我來說，歸根究底這就是心態和技能組合的問題，創業家看待內容的方式和行銷人員不一樣，他們認為內容只是隨機收集一些剛過時的典範實務，「所以我們必須經常更新部落格……可是人人都在經營部落格，為什麼我們也要跟著做？」

這並不是重點，重點在於你能不能用特殊的方式解決問題？既然你的產品可以，那麼你的內容也應該要可以。當人人都在滿口理論的討論行銷時，你可能會這樣想：「這太難了；我打算設計出一個好產品，讓行銷變得非常、非常容易，就像即插即用一樣簡單。」很好！既然你相信自己的產品有這種效果，當你要創作內容時，就千萬不要只是單純經營部落格；你必須做出不同凡響的事。

他們（新創公司）充滿信心，認為自己可以與眾不同並且做出前所未有的產品，不過當然也會有不同的聲音出現，不少人都曾經做過與這些新創公司相同的事，但他們卻覺得：「沒關係，我才不在乎，我可以做得更好。」我認為是心態和技能組合導致他們有這種想法。

……我認為，你需要的是更努力思考如何選擇市場定位，以及你的產品是從哪一個角度切入問題……你必須用創作內容傳達這一點。而且你知道嗎，如果你的內容確實反映出產品的本質，但還是不夠創新，這表示你的產品很有可能無法成功，所以此時你應該要重新檢視創業的真正宗旨，這種做法的效果總是讓我大吃一驚。這些創業家自信十足，認為自己的產品比其他競爭者更能解決問題，這一點應該要透過內容向觀眾闡述，但他們就是沒有想到這一點。

設定「最佳組合」目標

> 成功的人——總會在人生的某個時機點——選擇踏出自己的舒適圈；而失敗的人所作的決定，都只是為了待在舒適圈內。
>
> ——《10X法則》作者葛蘭特．卡爾登

全球第二大運動服飾品牌Under Armour（排名在Nike之後）的執行長凱文．普蘭克曾說，如果你的經營目標不是在市場上取得第一，你永遠都無法成為第一。而談到自己的公司時普蘭克表示，Under Armour的每一位員工都知道，公司的使命就是成為市場的唯一領導者，這一點毫無疑問。

你的「內容創業模式」目標也應該如此，你的最終目的——那些你在第一章所規劃出宏偉、艱難又大膽的目標*——應該要連你自己都有點膽怯才行。

有些行銷專家及顧問認為，成為產業中的資訊來源領導者並非成功的必要條件，但是我完全不同意這種說法，簡直是胡說八道。

的確，冒險需要不少勇氣，何況還要高調表示自己的內容對讀者（以及顧客）而言無可取代，以及自己確實是站在資訊制高點引領市場（如同媒體公司）。總之，大膽一點吧！

如果你不打算努力成為市場定位中的第一把交椅，表示你只想待在舒適圈內，這或多或少會影響你所設定的目標。

簡而言之，如果你太過安逸，「內容創業模式」就無法成功。

你的內容全數消失會造成什麼影響？

假設有人把你創作的所有內容都集中在一起並藏進盒子，好像這些內容從未存在過，會有人懷念你的內容嗎？你會因此在市場中留下一道缺口嗎？

如果答案是否定的，那麼休士頓，我們有麻煩了。**

我們的期望是顧客和潛在客戶會需要……不，是渴求我們所創作的內容，讓內容融入顧客的生活以及工作。

在今天的世界，越來越難用金錢換取關注，你必須爭取觀眾的目光。從今天開始、到明天、到五年後，你要運用顧客眼中最具影響力的資訊，爭取他們的目光。為自己設定跨出舒適圈的目標，這麼做可以讓你的事業更上一層樓。

再次檢視你在第一章所設計的目標，如果你認為這些目標不怎麼困難，表示你的成果頂多只能得到A，但A這樣的成績沒辦法在爭取顧客目光的戰場上大獲全勝，你需要得到A+！

---

* Big, Hairy, Audacious Goals，出自《從A到A+》作者吉姆．柯林斯。

** 編註：引用自《2001太空漫遊》，太空人見船艙氧氣筒突然爆炸，呼叫總部時即說——Houston, we have a problem.

尋找內容行銷中的刺蝟

我們要再次談談吉姆．柯林斯和他的精彩著作《從A到A+》。如果你對這本書略知一二，就會知道刺蝟指的是什麼。

所謂刺蝟，在商業界指的是公司最擅長的領域，也就是結合特殊技能和對某些事物的熱情，形成能夠創造營收的事業。

為了將這項原則應用於「內容創業模式」，我們應該從四個層面分析刺蝟原則：

1. **內容**。在你的市場定位中，你有可能有能力進行最優質的研究、提供最實用的入門資訊，或者寫出最精彩的調查性報導。
2. **方式**。這裡指的是傳播管道，你也許會製作出一系列吸引人的影片，就像馬修．派翠克的「遊戲理論」或是安．雷爾頓的「如何煮出那道菜」，又或者像「當紅企業家」（Entrepreneur on Fire）創辦人約翰．李．杜馬斯（John Lee Dumas）有非常精彩的Podcast節目。
3. **動機**。也就是更遠大的目標；若想讓內容行銷真正發揮效果，你必須站在為讀者—顧客改善問題的立場，創作並傳播實用的內容。當你知道這個遠大的目標為何之後，就可以開始介紹產品，而如果顧客的資訊或娛樂需求正好符合你所銷售的產品，就是中了「內容創業模式」中的大頭獎。
4. **對象**。市場上是否有一群人無法得到所需的資訊，導致他們無法提升工作品質，或是無法達到最佳的生活狀態？你的刺蝟範圍也許有一部分是這群特定觀眾所需要的資訊，而你可以用無人能及的方式幫助他們解決問題。

「內容創業模式」觀點

- 發掘出甜蜜點並不能保證「內容創業模式」成功，我們必須轉換內容，才能在競爭者中脫穎而出。
- 目前市場上每天生產出的內容，大多數都大同小異，這種內容對讀者或生產者並沒有任何影響力。內容的更新頻率或傳播管道都不是重點，如果內容本身無法訴說獨特的故事，就會很容易被忽略。

參考資料

《駭客任務》，華納兄弟娛樂公司，1999年三月上映。
彼得．提爾，《從0到1》，天下雜誌，2014。
吉姆．柯林斯，《從A到A+》，遠流，2002。
Karsten Strauss, "YouTube Star Uses Sugar to Attract an Army of Followers," Forbes.com, accessed April 19, 2015, http://www.forbes.com/sites/ karstenstrauss/2014/08/29/youtube-star-

uses-sugar-to-attract-an-army-of-followers/.

Breville Foo Thinkers, "Cupcak Piñata Cookies," How to Cook That, by Ann Reardon and Breville, YouTube.com, accessed April 19, 2015. https://www.youtube.com/watch?v=d_nAfETePR8&list=UUrwSKj1SUAbS-hkfhZRhbSg.

David Reardon, e-mail interview with Joe Pulizzi, March 2015.

Sam Gutelle, "YouTube Millionaires: Ann Reardon Knows 'How to Cook That,'" Tubefilter.com, accessed April 19, 2015, http://www.tubefilter.com/ 2015/01/22/ann-reardon-how-to-cook-that-youtube-millionaires/.

CNBC, Squawk Box interview with Kevin Plank, February 5, 2015.

Jay Baer, interview by Clare Mcdermott, January 2015.

Jay Acunzo, interview by Clare Mcdermott, January 2015.

"Tilt: definition," dictionary.com, accessed April 19, 2015. http://dictionary.reference.com/browse/tilt.

第六章 發掘內容的使命

太陽底下沒有新鮮事……只能找到新的方法說故事。

——亨利・溫克勒（Henry Winkler）*

除了根本的商業模式（創造營收的方式）之外，媒體公司和非媒體公司在內容規劃上還有一項明顯的差異，你知道是什麼嗎？

就是編輯宗旨。媒體公司的整體策略始於確立一套編輯宗旨，作為創作內容時的標準指南，宗旨同時也像是引導整體事業發展的燈塔。在職業生涯中，我已經推出超過三十項媒體產品，包括雜誌、電子報、活動，還有網路研討會計畫。每次有推出產品的計畫時，頭幾天的工作就是構思及微調編輯宗旨，因為這正是確立成功策略的第一步。

當今大多數的企業都有機會成為發行人，其中較聰明的企業會採用最基本的策略，也就是媒體公司長年來用於培養觀眾群的有效方法。

* 美國演員、導演、製片人。

內容宗旨

所謂「宗旨」就是一間企業存在的理由，也是這個組織推展特定目標的原因。舉例來說，美國西南航空的宗旨是讓旅遊體驗更加自由；美國連鎖藥局CVS的宗旨則是成為最便利的藥品零售商。所以簡單來說，宗旨解答了「我們存在的意義是什麼？」

幾乎在每一場專題演講，我都會說明內容行銷的宗旨，因為先明確定義內容行銷這項概念……或任何行銷活動的內涵，是非常重要的步驟。無論身在小型或大型企業，行銷從業人員都會異常執著於特定的管道，如部落格、Facebook，或Pinterest，導致他們完全不知道當初選擇運用這些管道的根本原因。你必須先了解「為何」，才能決定要做「什麼」。

轉換內容（第五章）的方式必須具備與觀眾群溝通的效果，畢竟樹立自己的品牌，並且告訴觀眾你為何與眾競爭者不同，是個非常大膽的舉動。我在《史詩內容行銷》一書中，討論過內容宗旨的三個組成要素：

- 核心目標觀眾群
- 提供觀眾群的資料素材
- 觀眾群從中獲得的益處

在傳統媒體公司之中，我最欣賞的企業宗旨來自《企業》雜誌，你可以在「關於我們」的網頁上了解這間雜誌社的宗旨：

歡迎來到*Inc.com*，這個平台可為創業家與企業主提供實用的資訊、建議、觀點、資源、以及靈感，是經營與拓展事業的得力助手。

《企業》雜誌的宗旨完整涵蓋以下三點：

- 核心目標觀眾群：創業家與企業主。
- 提供予觀眾群的資料素材：實用的資訊、建議、觀點、資源，以及靈感。
- 觀眾群觀眾群從中獲得的益處：經營與拓展事業。

《企業》雜誌的宗旨出乎意料的簡單，而且沒有任何令人誤解的文字。簡潔有力就是內容行銷宗旨的關鍵。

請特別注意，在《企業》雜誌的宗旨中，完全沒有提到公司的營利方式，但這一點卻是大多數新創公司在創作內容時最容易犯的錯誤……新創公司總是忍不住想介紹自家產品。如果你踏錯了這一步，你的「內容創業模式」計畫就不會有起飛的一天。

個案分析：數位攝影學院（DIGITAL PHOTOGRAPHY SCHOOL）

達倫．勞斯（Darren Rowse）成功打造出兩組出色的「內容創業模式」，首先是專門發表小型事業相關文章的ProBlogger，第二組則是攝影初學者必讀的入門網站「數位攝影學院」，初學者可以從中學習如何讓自己的攝影技巧發揮最大效益。

不過達倫的事業並不是以這種模式起步，剛開始，他架設的部落格是專門評價相機優劣。達倫解釋道：

> 在經營ProBlogger之前，我架設了一個評價相機優劣的部落格，這是我第一次經營商業性質的部落格，甚至以全職工作的心態投入，不過經營這個部落格實在不怎麼有成就感。我的讀者只會在某一天為了研究一款相機來到部落格，從此之後就消失不再來訪。所以我一直不滿於這種現象，我認為自己並沒有打造出一個真正的社群，而這才是真正能讓我有成就感的關鍵，我向來都希望自己的部落格能夠盡可能的長時間幫助讀者。

經過這次不太成功的實驗，達倫再次投入經營攝影部落格，不過這次他決定轉換內容。達倫開始專注於培養特定的觀眾群後，「恍然大悟」的瞬間也隨之而來。

「我想，這一路上我沒辦法解答的疑問之一，大概就是該專注在什麼焦點上。」達倫如此表示並且回顧自己的經驗：

最剛開始，我的目標觀眾是初學者，所以創作的內容都非常基礎，接著我開始猶豫，是否應該將內容拓展到中級程度，不過頭兩年我還是繼續創作初學者適用的文章，非常穩紮穩打的培養觀眾群，直到我的觀眾開始成長，可以吸收更高程度的內容。所以我並沒有過早拓展專業領域，事後看來，這是正確決定。

這項決定最終帶來亮眼的成果，達倫的電子郵件和社群觀眾群總計成長至超過一百萬人。現在讓我們仔細研究數位攝影學院的內容宗旨，你可以在「關於我們」的頁面*看到這段話：

> 歡迎來到數位攝影學院——網站上提供各種簡易的訣竅，可以協助數位相機使用者發揮相機的最佳效能。

接著我們要解構分析這段宗旨：

- 核心目標觀眾群：數位相機使用者。
- 提供予觀眾群的資料素材：簡易的訣竅。
- 觀眾群觀眾群從中獲得的益處：發揮相機的最佳效能。

* http://cmi.media/CI-dPS

達倫更進一步闡述自己的網站宗旨：

從各種角度而言，這間「學院」都不是正式的機構。網站上並沒有課程、沒有教師、也沒有考試——這裡只是一個學習環境，而我透過這個網站分享我所知道的技巧，大家也可以在論壇區交流自己的學習成果，例如展示自己的相片、提出或解答彼此的問題等等。此外，有別於大部分的學習機構，網站上的資訊全數免費。

初、中階攝影愛好者會定期造訪達倫的網站並不令人意外，達倫轉換內容的方式，也就是他與其他競爭者的不同之處：他獨具慧眼且成功將焦點放在攝影初學者這群觀眾，長期提供讀者能夠立即應用的實用訣竅。達倫正式告別評價相機優劣的日子。

欲望，而非需求

我觀察到越來越多優秀的「內容創業模式」計畫，其成功的關鍵是鎖定欲望而不是需求。許久以前，我就一直後悔建議行銷人員「專注於顧客急需解決的問題」，畢竟專注於急迫的問題只能幫助你踏出第一步。

若想要直指顧客的核心需求，你必須鎖定顧客的目標，並且協助他們抵達心中真正的目的地。

名稱背後的意義？

二〇〇八年，我曾參與一場美國商業媒體（American Business Media）執行會議，聆聽彼得・霍伊特（Peter Hoyt）的演講。彼得是家族媒體企業霍伊特出版公司（Hoyt Publishing）的執行長，他表示，霍伊特出版這個名稱限制了公司的諸多機會，因此將公司重新命名為「商店行銷學院」（In-Store Marketing Institute）後又改名為「消費關鍵學院」（Point-of-Purchase Institute）。

改變成真後，霍伊特的公司營收迅速飆高。霍伊特表示：「公司確實變得炙手可熱，而且發展到超乎我預期的地步。公司帶來的新營收與獲利高達數百萬美元，我們的淨利潤從二〇〇六年的百分之七，成長到二〇〇八年的百分之十九，而我們也持續重新投資，以對整個產業有更多貢獻。」

霍伊特的經驗正是我將公司改名為「內容行銷學院」的原因，儘管這個名稱一點也不亮眼，卻讓我們成為眾人腦中第一個浮現的行銷專家。同時，我們也不需要浪費時間告訴大眾我們的專業為何——只需看公司名稱就可以立即了解。

這則故事的寓意是什麼？有時候選擇無趣卻可以清楚展現專業的公司名稱，勝過必須額外行銷才能讓大眾認識真正內容宗旨的品牌。「雞的悄悄話」、「遊戲理論」系列影片，以及數位攝影學院都是遵循這套模式，而事實證明效果絕佳。

與其把重點放在「省錢」與「降低支出」，不如把標準提高，專注於「給予顧客更多時間過著理想中的生活」，或是「成為改變世界的人物」。

這也許聽起來像陳腔濫調，卻十分重要。若想在巨量的資訊來源中殺出重圍，就必須讓觀眾群相信你的內容可以「改變命運」(change the stars)(源自電影《騎士風雲錄》)。

因此，就如彼得．提爾一再宣揚的理念：忘掉所謂創作內容後向觀眾推廣的競爭規則，你的目標不僅只於此；取而代之，要讓你的創作成為顧客最想閱讀的內容。唯有對這種目標的真切渴望，才能讓你具有遠見的著手計畫並組織合作，實現真正的改變。

我家廚房的牆上貼著家訓，不僅是我經常以這段文字要求自己，十二歲與十四歲的兒子也會這麼做。這則家訓就是我們家的理想目標，是我們今天和未來要努力達到的境界。我認為這則家的宗旨正是我們成功經營幸福家庭的關鍵。

完整的家訓如下：

普立茲家訓

身為普立茲家的成員，我們所有的目標與行動都將以下列原則為依歸：

感謝上帝每日賜予的祝福，即使在面臨挑戰或困難的日子也堅定不移。與彼此分享自己所擁有的一切，並且在任何人有需要時伸出援手。不吝於稱讚彼此，因為我們都是受上帝眷顧並賦予獨特才能的個人。一定要有始有終，即使感到恐懼也要盡力嘗試，並且全心投入當下的活動。

精簡版：感謝上帝、不吝分享、口說好話、全力以赴。

每當孩子們對於自己是否該採取行動而感到困惑時，我和內人就會用家訓開導他們。你知道最棒的一點是什麼嗎？客人來訪時，會立刻注意到我們的家訓，也幾乎總會對此發表自己的看法。正是像這般的小事，才能創造改變。

「內容創業模式」觀點

- 確認轉換內容的方針之後，便可以開始構思組織的宗旨。一則完整的宗旨應該闡述明確的觀眾群、提供觀眾的內容，以及觀眾從中獲得的益處。
- 難以計數的企業都在關注競爭者的行動；就內容行銷而言，你的競爭對手是數十、甚至數百個資訊來源，因此一心觀察競爭者的行動簡直是毫無意義。請專注於培養觀眾群。
- 你當然可以透過鎖定顧客的資訊需求而大獲成功，不過讓計畫升級會更好。如果能夠幫助他人過更優質的生活，或是找到更理想的工作，你就可以在情感層面上吸引這些觀眾，並且讓他們成為一輩子的訂閱人。

參考資料

《騎士風雲錄》，哥倫比亞電影公司，2001年五月上映。

The Nerdist Podcast, henry Winkler interview, December 15, 2014. Digital Photography School, accessed April 19, 2015, http://digital-photography -school.com/.

Marie Griffin, "The Idea That Transformed Hoyt Publishing," AdAge.com, accessed April 19, 2015, http://adage.com/article/btob/idea-transformed -hoyt-publishing/273350/.

第七章
發掘轉換內容的方法

我認為與眾不同，對抗社會規範，是世上最棒的事。

——伊利亞．伍德

若想成功運用「內容創業模式」，你必須根據自身的內容定位，打造出領先業界資訊或娛樂消息的平台，不過這可不是簡單的差事。許多創業家對於想創作的內容都有完整的構思；只是他們忘了跨出最後一步，沒有確實做到與眾不同。

本章的重點就是告訴你如何完成這個步驟，你可以善用文中介紹的幾項策略及手法，順利發掘出轉換內容的方式。

亞馬遜公司的新聞稿模式

電商亞馬遜旗下慈善組織AmazonSmile的總經理伊恩．麥卡利斯特（Ian McAllister）表示，亞馬遜的新產品要進入開發階段之前，執行長傑佛瑞．貝佐斯會要求內部交出完整的新聞稿，彷彿新產品已經生產完成且隨時可上市。

麥卡利斯特指出：「比起反覆調整產品本身，反覆修改新聞稿的成本更低，也更快速！」一這套方法是規劃「內容創業模式」的重要一環，也有助於我們發掘足以勝過競爭對手的優勢，也就是區別自身內容的關鍵因素。

亞曼達·麥克阿瑟（Amanda MacArthur）是Mequoda Daily*的總編輯，她曾仔細分析亞馬遜新聞稿模式的幾項要素。引用亞曼達的見解再融合內容行銷的觀點之後，便整理出以下轉換內容的方法：

- 主標題——用讀者可以理解的方式命名內容領域。
- 副標題——說明內容的市場是哪些對象，這些對象將獲得哪些益處。
- 摘要——提出內容以及其益處的摘要。
- 問題——說明內容可解決的問題。
- 解決方案——說明內容可以如何輕易的解決上述問題。
- 內部觀點——引用公司發言人的看法。
- 如何開始——說明內容十分平易近人、易於應用。
- 顧客觀點——引用假想顧客的看法，描述體驗後的效果。
- 結語和呼籲——提出結論並且建議讀者如何採取下一步行動。

根據*Fast Company*雜誌的看法：「這套方法有助於亞馬遜員工持續修正細部的想法，並且在以顧客為先的原則下精確鎖定目標。」

相同的方法也可以應用在你的事業和「內容創業模式」上。

善用Google搜尋趨勢

《品牌聯合》作者安德魯·戴維斯認為，在尋找內容定位的過程中，Google搜尋趨勢是最重要卻也最未經充分利用的工具。身為全球知名的專題演講講者，戴維斯在每次演說中都會特別設計一個環節，以說明Google搜尋趨勢的強大力量。

Google搜尋趨勢是由Google所提供的免費工具，可呈現出全球或特定地區的搜尋結果和關鍵字模式。例如，當你在Google搜尋趨勢輸入「食物調理機」（kitchen blender），會發現搜尋高峰落在每年十二月，正好是假期和送禮季節期間（圖7.1）。

現在我們要再次談到傑伊·貝爾和架設編織部落格的例子（請見第五章）：「我喜歡編織，所以我要開設一個關於編織的部落格。你確定嗎！網路上還有其他二十七個談論針織的部落格，為什麼有人會想看你的文章？你和其他部落客有什麼不同嗎？你有什麼特別之處？又有什麼有趣之處？讀者有什麼理由要放棄已經追蹤三年的針織部落格，選擇讀你的部落格？」

* 專為發行人提供資訊的部落格，主題涵蓋電子郵件行銷、社群媒體、數位產品開發等等。

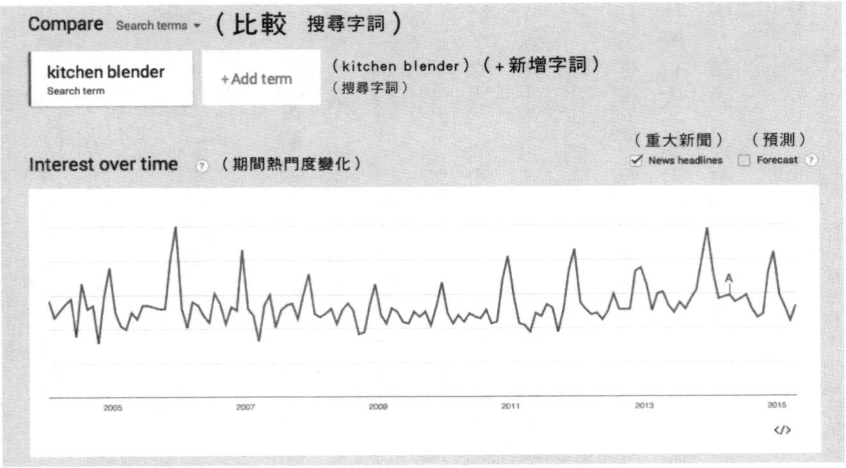

圖7.1 運用Google搜尋食物調理機（kitchen blender）的結果筆數，會於每年十二月達到高峰。

此時就是Google搜尋趨勢證明實力的時刻了，我們在Google搜尋趨勢上搜尋編織（knitting）後，發現這個關鍵詞的整體搜尋次數（圖7.2）其實正在下滑（並非好現象）。

不過當我們更深入分析，卻挖到寶了。往下滑動頁面，就會看見圖7.3所呈現的「相關搜尋」區塊，而我們就是在這裡發現轉換內容的關鍵。從「主題」欄位下方，我們觀察到環形編織（產品類別）相關資訊的搜尋次數，上升幅度有三倍之多。而在「查詢」欄位下，「環形編織」（loom knitting）的搜尋次數正在暴增，其他像是「適合初學者的編織法」（knitting for beginners）、「織圍巾」（knitting a scarf）、以及「編織紋樣」（knitting stiches）也是如此。

向潛在讀者求教

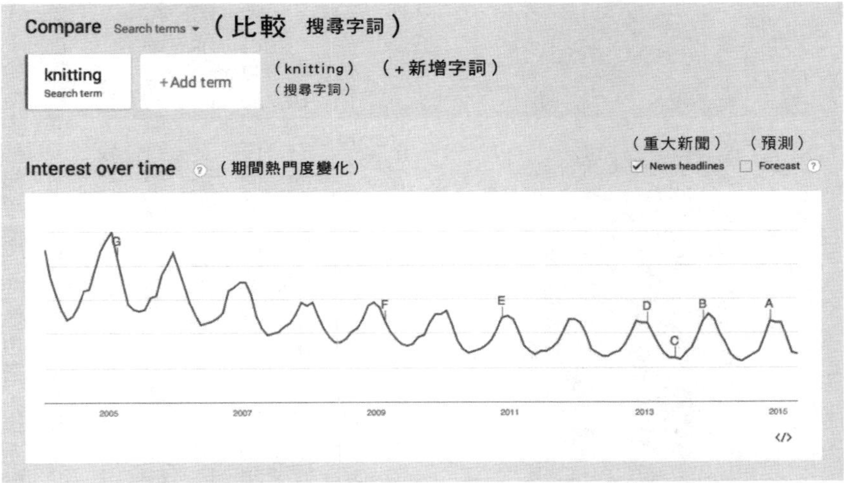

圖7.2　運用Google搜尋針織（knitting）關鍵詞的長期趨勢。

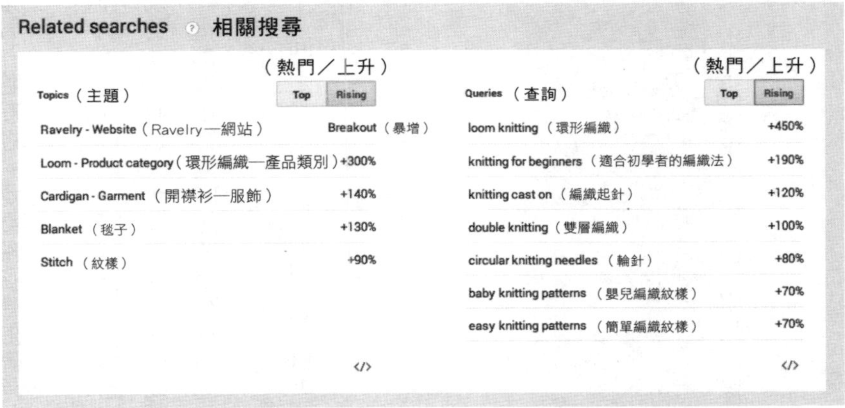

圖7.3　在Google搜尋趨勢的頁面往下滑動，可看見相關搜尋和暴增的關鍵字詞。

這個方法幾乎沒有門檻可言，以至於我很少視其為一種策略。從顧客或潛在讀者身上尋求建議看似簡單，卻少有人確實做到，實在可惜。

近期，我為一間全球大型製造商設計了一場工作坊；進入規劃內容宗旨這一環節時，我詢問在場的資深行銷專員，是否曾對顧客進行意見調查或訪談，並且由此找出內容漏洞或機會，訴說與眾不同、又是觀眾需要的故事。很可惜的，每位專員都表示行銷團隊並沒有採用過意見調查，也沒有透過任何形式得知觀眾的急迫問題、需求，或欲望。

現在你有機會在大企業不擅長之處佔盡優勢——向讀者討教。無論你是親自詢問潛在讀者（可能是你的親友），或是透過電子郵件發送問卷調查（運用SurveyMonkey等線上問卷工具），這些方式都應該納入你的常用策略之中，尤其當你還處於摸索內容定位的起步階段時，這一步更是重要。

建立情報站

我從二〇〇〇年開始踏入出版業，任職於奔騰媒體公司，在當時我從恩師吉姆・麥達莫（Jim McDermott）身上學到，何謂訴說故事的高超技巧。吉姆時常強調「情報站」的重要性，所謂情報站就是盡可能從各式各樣的源頭，取得越多反饋越好，如此一來你才能釐清事實。

對於所有的編輯、撰稿人、記者，以及要說故事的人而言，建立情報站是極為重要的策略。以你的角度而言，情報站的重要性在於協助你尋找轉換內容的關鍵，並且確保轉換內容成為你脫穎而出的機會，而所有的創業家都需要情報站，才能發掘顧客真正的需求。下列是蒐集顧客反饋的各種方式——實際上也就是發揮情報站的功能。

1. **一對一訪談**。觀眾人物誌領域的頂尖專家愛戴兒．里佛拉（Adele Revella）認為，面對面與顧客或觀眾談話是無可取代的溝通方式。
2. **關鍵字搜尋**。運用Google搜尋趨勢和搜尋引擎關鍵字快訊（Google快訊）這類工具，可以協助你追蹤顧客正在搜尋的內容以及瀏覽的網站。
3. **網站分析**。全心投入網站分析，找出你的讀者正在閱讀哪些內容（又對哪些內容不感興趣），這麼做可以幫助你用截然不同的方式成功。
4. **社群媒體觀察**。無論是透過LinkedIn的社團或Twitter的主題標籤（Hashtag）及關鍵字，都可以輕鬆辨認出顧客正在分享、談論的主題，也能了解顧客為生活和工作所苦的原因。
5. **顧客意見調查**。類似SurveyMonkey的問卷工具十分便於蒐集重要訊息，例如顧客的資訊需求。

轉換內容測試

NextView Ventures的平台總監傑伊·阿昆佐每次在考量進入新的內容領域時，都會採用特定的方法進行測試。近期，除了從鎖定的內容領域蒐集數據之外，阿昆佐也會從資料庫內取出子集，並將測試版內容發送給不同的群體。接著他會衡量每個群體的總開信率（open rate）、總點擊率（click-through）、站內互動（on-site engagement），以及取消訂閱率（unsubscribe rate）。整個測試過程為期六週，當測試結束後，阿昆佐就可以辨認出特定內容的子類別中，明確又極具吸引力的熱門主題。

「遊戲理論」創辦人馬修·派翠克，也就是我們在第三章介紹過的人物，他的熱門YouTube頻道有超過四百萬名訂閱人，而馬修也是透過測試找到屬於自己的內容定位。根據馬修的說法：「我剛開始完全是像做實驗一樣利用這個平台。我會用A／B測試法做實驗，也會在YouTube的資訊欄或類似功能上進行小小的實驗。一段時間之後，我就完全了解使用者和這個平台的互動方式，我也很清楚YouTube以及驗算法如何先分類影片，再讓影片流通於整個系統。」

馬修從數據中得知大受歡迎的關鍵之後，便以此為基礎打造自己的創業模式，他的「內容創業模式」也因此迅速大獲成功。

重新調整內容領域

內容行銷學院（CMI）創立於二〇〇七年四月，即使六年來我斷斷續續的提及「內容行銷」一詞，當時這個概念仍算是新穎的行銷術語。

那時候業界最流行的關鍵詞是「客製化出版」（Custom Publishing），然而與資深行銷專員（CMI的目標觀眾）訪談後，我確信這個詞彙無法引起他們的共鳴。不過此時內容行銷有機會異軍突起嗎？我們轉換內容的方式可以是重寫行銷界的流行術語嗎？

我利用Google搜尋趨勢進一步修正想法，並且分析數個意義相近的詞彙，以下是我研究業界主流關鍵詞（客製化出版）相關詞彙以及新興關鍵詞（內容行銷）的發現。

- **客製化出版（Custom Publishing）**。如果這是一支上市股票，CMI絕對不會考慮購入，因為這個詞彙的搜尋次數逐年下降。此外，許多文章提及「客製化出版」時，指的並不是我們想像中的由品牌創作內容，而是客製化紙本書籍。這種概念混淆確實是個問題。
- **內容行銷（Content Marketing）**。這個詞彙的搜尋量在當時甚至低到無法透過Google搜尋趨勢呈現，於是我開始思考，如果可以創作出足量的正確內容，就能點燃以這個關鍵詞為主的運動。而其他詞彙如「品牌內容」（Branded Content）和「客製化內容」（Custom Content）的定義不夠明確，因此行銷產業極有可能需要一個新的關鍵詞，輔助業界重要的思想領袖闡述理念。此外，由於「內容行銷」的社群中，尚未出現明確的領導者，CMI如果能採用合適的方法，便可以快速爭取到搜尋市占率。如圖7.4所示，這項策略的成果驚人。

於是，蒐集觀眾意見加上運用Google搜尋趨勢等免費工具，幫助CMI確立內容定位，也成功在這股更換關鍵詞的潮流中「轉換」內容。

HubSpot是極為成功的行銷自動化企業，其採用的策略是與上述相同的關鍵詞集客式行銷（Inbound Marketing）（圖7.5）。二〇〇六年，HubSpot開始經營以集客式行銷為主題的部落格，之後也推出相關書籍（名為Inbound Marketing）、系列影片、還有以Inbound為名的活動。最後如你所見，一個特定的社群以這個關鍵詞為中心聚集，同時還將HubSpot推上領導者的位置。

努力不懈

我要分享一段寶貴的經驗，並引用廣播節目《美國生活》（This American Life）主持人暨製作人艾拉．格拉斯的一段話作為本章的結尾。格拉斯曾在節目中曾說道：

> 設下期限以督促自己每週完成一件事。唯有大量工作才能彌補不足之處，你的成就也才會如志向般不凡。我花了比身邊任何人都還要長的時間，才達到今天的目標。這段過程需要時間，長時間努力是再正常不過的事，繼續奮鬥就對了。

若想成功的轉換內容，有時你該做的就只是著手開始、持續努力、接著尋求機會。傑夫．布拉斯（Jeff Bullas）是澳洲最當紅的社群媒體策略專家，最初他的內容平台主題是名人新聞（他第一篇

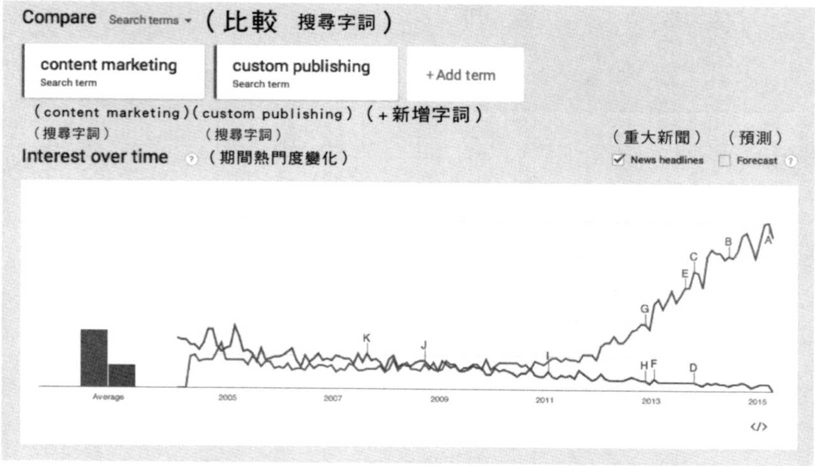

圖7.4 根據Google搜尋趨勢，「內容行銷」與「客製化出版」兩個關鍵詞的趨勢正好相反。

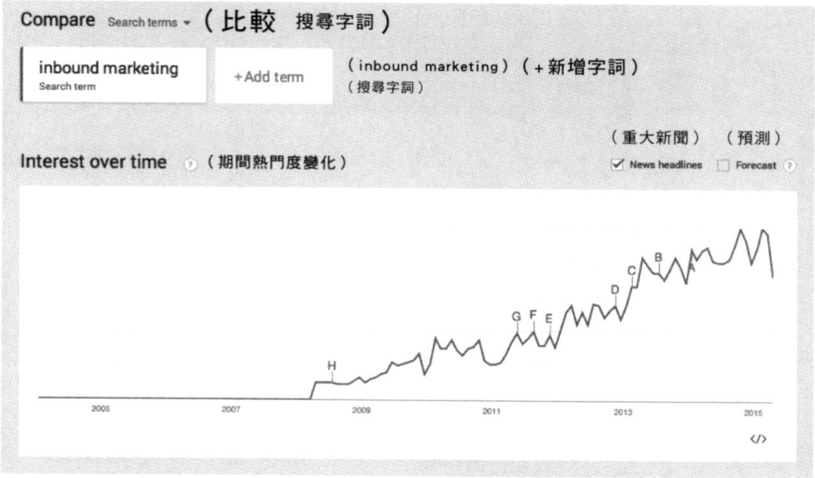

圖7.5 開發內容領域的方式包含更換關鍵詞和創作大量實用內容。「集客式行銷」一詞正是一例。

文章的主角是珍妮佛・安妮斯頓），持續發表文章數個月之後，傑夫發現自己的優勢其實是新興社群媒體的操作策略，因此他必須努力轉換內容。

相同的情況也發生在傑伊・貝爾身上，最初他的部落格主題是電子郵件行銷，在一次訪談中傑伊提到：

> 沒多久我就發現一個問題，每次我以電子郵件行銷為主題發表文章，只會有一百五十人次來到網站，但是當我以社群媒體為主題時，網站造訪人次大約會達到一千人。這個現象持續一段時間後，我開始想……雖然我沒學過統計學，但我的確觀察到其中的趨勢了。
>
> 我決定開始寫作有關社群媒體的文章，直到市場無法接受為止，於是我把所有時間都花費在創作這類內容。以前我曾經做過不少社群媒體顧問的工作，所以我想，如果市場上有這麼多這類資訊的需求，社群媒體應該會是業界的熱門焦點，而事實上也是如此。

如果傑伊沒有親自嘗試創作內容，絕對不會發現這股趨勢。當然，你可以（像傑伊一樣）盡可能的嘗試轉換內容，並且開始架設屬於自己的平台，也許不久後你就會發現，有特定的「內容創業模式」定位，可以幫助你一舉成功。

「內容創業模式」觀點

- 目前全球最未受充分利用的行銷工具就是Google搜尋趨勢，你應該要善用這項工具發掘轉換內容的方式。
- 如果你先專注於聽取顧客意見、再銷售產品，你的公司將會有絕佳的全新契機爭取市場定位。
- 有時候，成功轉換內容的條件就僅是努力不懈。內容創作不可能達到完美，因此當你因為無法鎖定正確的內容轉換方向，而導致整個計畫停滯不前，最好的解法可能就是直接開始創作內容。

參考資料

This American Life, produced by Ira Glass, WBEZ, 2014, http://www.this americanlife.org/.

Amanda MacArthur, "An Inspirational Press Release Template from Amazon," Mequoda.com, http://www.mequoda.com/articles/audience-development/an-inspirational-press-release-template-from-amazon/.

Austin Carr, "The Real Story Behind Jeff Bezos's Fire Phone debacle and What It Means for Amazon's Future," FastCompany.com, http://www.fast company.com/3039887/under-fire.

Jay Acunzo, interview by Clare Mcdermott, January 2015.

Adele Revella, Buyer Personas, John Wiley & Sons, 2015.

Jay Baer, interview by Clare Mcdermott, January 2015.

Todd Wheatland, "The Pivot: 4 Million People Glad Bullas Went Back to Tech," ContentMarketingInstitute.com, http://contentmarketinginstitute.com/2015/01/the-pivot-jeff-bullas/.

第四部　穩固基礎

建築的珍貴之處不在於美感；穩固的基礎工法才經得起時間考驗。

——————————— 大衛・艾倫・柯（David Allan Coe）

確認甜蜜點並鎖定轉換內容的方向後，就是開始努力耕耘的時刻了。

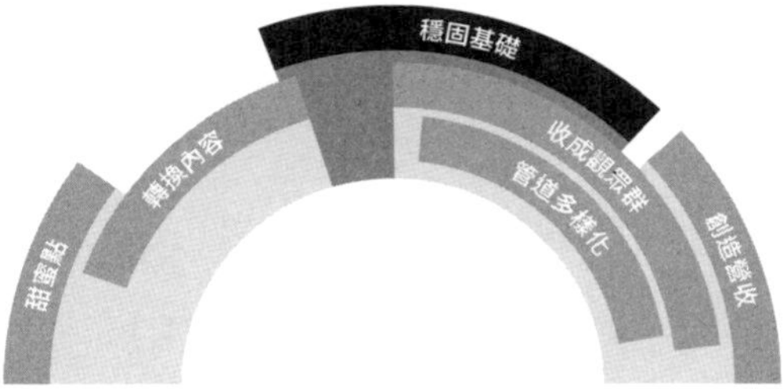

第八章 選擇平台

飛行員會將自己的姓名漆在飛機座艙罩正下方，而此舉會令飛行員深刻感受到自己擁有這架飛機。除此之外，就像汽車一樣，每架飛機都有不同的特性，因此飛行員必須非常了解並深愛自己的飛機。

——西蒙．斯涅克（Simon Sinek）*

如果你已經順利完成前幾章的步驟，那麼恭喜你；儘管難以相信，不過構思「內容創業模式」背後的策略，其實是最困難的階段。任何人不論身在何處、是否握有資源，都可以架設部落格、推出Podcast或是YouTube系列影片，然而培養觀眾群卻需要做足研究加上深思熟慮，畢竟觀眾群才是最終驅動整個商業模式的能量來源。

如何開始？

* 著名英國作家與TED講者。

麥克．海亞特（Michael Hyatt）在著作《天王部落客教你把粉絲變成錢》（*Platform*）及同名部落格中指出，所有的想法和故事都必須依附著平台生存，如此一來你才有機會成功。根據麥克的說法：「沒有平台——沒有一個讓觀眾看見、聽見你的工具——你根本就沒有成功的機會。有令人驚豔的產品、出色的服務，或是吸引人的遠大目標，已經不足以保證成功。」

下列這些極具代表性的媒體企業，在打造專屬平台時都選擇了單一主要管道：

- 《華爾街日報》——報紙
- 《時代雜誌》——紙本雜誌
- TED演講——現場活動
- ESPN——有線電視節目製播
- 《哈芬登郵報》——線上雜誌
- 拉什．林博——電台廣播節目

由以上的例子可見，打造專屬平台時你必須做出兩個決定：

1. 你會用什麼方式說故事？透過書寫文字、透過影片、透過聲音，還是面對面談話？
2. 你會在什麼地方說故事？你打算選擇什麼管道傳播內容？

「遊戲理論」創辦人馬修・派翠克選擇長期製作影片並透過YouTube公開自己的作品。

數位攝影學院創辦人達倫・勞斯運用大量附有圖片的文章，讓一個透過WordPress架設的網站大獲成功。

「當紅企業家」創辦人約翰・李・杜馬斯每天推出一集Podcast，主要透過iTunes、Stitcher，以及SoundCloud等平台公開，同時也會在官方網站上更新節目紀錄（show notes）。

開始之前

我曾在著作《史詩內容行銷》提出六項有效的內容行銷原則，而你在打造及操作平台的過程中，應該要時時刻刻謹記這些原則。

1. **滿足需求**。你的內容必須為讀者解決特定的需求或問題。
2. **堅持不懈**。成功發行人的最大共通點就是毅力。無論是發行月刊雜誌或是每日電子報，你的內容都必須如讀者所預期的準時公開。難以計數的「內容創業模式」就是敗在這一點。
3. **保持人性化**。找出自己的風格之後試著感染觀眾。如果公司的故事以幽默為賣點，就讓觀眾感受到幽默；而如果故事偏向諷刺風格，也是不錯的策略。
4. **獨具觀點**。你的內容不該像是百科全書，你也並不是在寫歷史報告；當你有機會讓自己及公司成為業界專家，千萬不要吝於發表自己的看法。馬可斯・謝里登和公司River Pools &

Spas之所以成功，就是因為馬可斯在內容中展現出感情與率直，令觀眾激賞不已。

5.**避免「推銷字眼」**。每當CMI發表自我推銷又不具教育意義的內容，網頁瀏覽和社群媒體分享次數都僅有平時的四分之一。有時候出於商業考量這是必要作法，但你越常用內容自我推銷，重視內容的觀眾就會越少。

6.**出類拔萃**。儘管創業初期可能不容易有如此成果，但你的終極目標就是推出業界最優質的內容。這表示你的內容在市場定位中，正是觀眾所能找到且可利用的最佳資源。唯有提供價值非凡的內容，你才能期待讀者願意花時間閱讀。

在前文討論過的「內容創業模式」個案分析中，都可以觀察到以上六項原則。而你在打造「內容創業模式」的過程中，請務必記得這些重要原則。

內容類別

根據二〇一五年CMI／Marketing Profs小型事業內容行銷研究，最受歡迎的內容類別如下（依使用率排序）：

- 文章或部落格貼文
- 電子報內的文字故事

- 影片
- 現場活動
- 報告或白皮書
- 網路研討會／網路直播（webcast）
- 書籍（紙本或數位）
- 紙本雜誌
- 音頻製播
- 紙本通訊

其中，大部分成功的「內容創業模式」經驗都是屬於以下內容類別：

- **文章或部落格**（**或是以內容為主的網站**）。CMI 培養觀眾群的主要平台，就是透過部落格發表內容，經營初期是每週更新三次，而目前則是每日更新或是一日更新數次。
- **電子報專案**。在前文的一個例子中，「社群媒體考察家」透過電子郵件每日發送內容，對象是超過三十萬名企業主或行銷專家。
- **影片**。馬修．派翠克（「遊戲理論」）每週於 YouTube 公開全新影片。
- **Podcast**。約翰．李．杜馬斯「當紅企業家」每日推出新的訪談 Podcast。

企業運用內容型策略成功吸引大量且足夠的觀眾群之後，會開始利用更加多元的管道傳播內容。不過，在初期一定要先將重心放在創作出色且實用的內容，並且盡可能用單一管道傳播（Podcast、影片、部落格……等等）。

若需要詳細了解各種內容類別的優劣，歡迎至http://cmi.media/CI-playbook免費下載「內容行銷策略書」。

內容傳播管道

決定說故事的形式之後，下一步驟就是選擇傳遞的方式——傳播管道。長期而言，你會需要利用數個不同的管道發表內容（請見第五部「收成觀眾群」），不過目前你只需決定「核心」的傳播管道即可。

而在抉擇的過程中，你必須考量兩個主要問題：

- 哪一類管道最利於接觸目標觀眾群？（觸及率）
- 哪一類管道最便於控管發表內容及培養觀眾群？（控管程度）

接著我們要討論圖8.1的圖表。

布萊恩·克拉克經營的Copyblogger幾乎完全掌控傳播管道，也就是旗下的WordPress平台。

然而，Copyblogger同時還需要打造新的系統吸引讀者關注，因為Copyblogger網站並不隸屬於其他可輕易帶來瀏覽量的平台系統。

另一方面，相較於Copyblogger，「當紅企業家」(Podcast)和「遊戲理論」(影片)更容易與觀眾接觸，因為他們發表內容的環境已有固定觀眾群。EOF推出節目的平台是iTunes，而每天有數百萬人在此搜尋新的Podcast內容。「遊戲理論」也是相同的道理，其目標觀眾就是每天瀏覽YouTube的青少年，「遊戲理論」只需持續創作吸引人且YouTube願意播放的內容，便可以在平台上培養出觀眾群。

而EOF和「遊戲理論」面臨的問題則是，雖然可以利用平台，卻幾乎無權控管。目前「遊戲理論」有超過四百萬名訂閱者，這是十分驚人的成就，但就技術層面而言，「遊戲理論」無法實際掌控與訂閱者的關係，YouTube才是握有權力的一方。YouTube大可以決定，

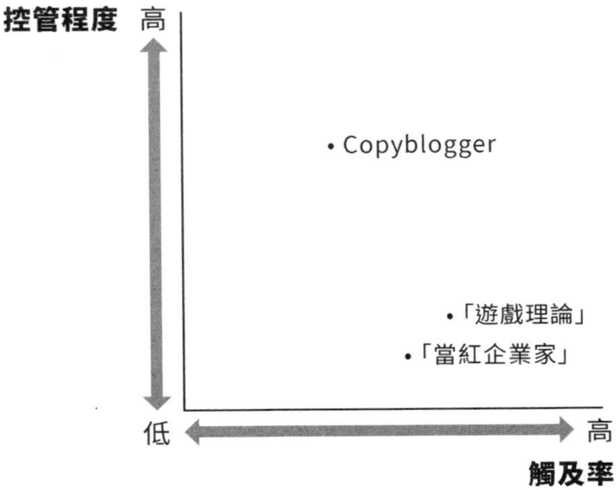

圖8.1　Copyblogger這類部落格對管道的控管程度較高，但觸及率卻不及「遊戲理論」及「當紅企業家」類型的內容節目。

從明天開始讓「遊戲理論」無法供訂閱者觀看，YouTube也可以選擇向馬修・派翠克的觀眾播放其他內容，例如吉米・法倫（Jimmy Fallon）的脫口秀，而不是播放「遊戲理論」。

現在談一談在YouTube紅極一時的雙人組合SMOSH，他們透過YouTube頻道累積了兩千萬名訂閱者。近年來，SMOSH總會在影片結尾呼籲觀眾進入他們自行架設的網站：Smosh.com，觀眾可以在此透過電子郵件訂閱節目，而SMOSH則可以實際控管這些節目。重點在於如果你選擇利用控管程度偏低的管道，藉此擴大內容傳遞的範圍，就必須特別注意一點：當時機成熟，你會想將平台的訂閱者轉換為自己的訂閱人（請見第十四章）。

留意社群管道

儘管社群媒體如Facebook和LinkedIn的確是累積數位足跡（digital footprint）*和追蹤人數的絕佳平台，但你根本無權控制這些公司如何利用你的觀眾。當然，LinkedIn會展示你在網站所發表的內容，供你目前的人脈瀏覽，但LinkedIn也可能在一夜之間改變心意，這是私人企業天經地義的權利，不過你身為LinkedIn社群的免費用戶，可說是毫無權利。

Facebook、Twitter、LinkedIn、Pinterest和Instagram這類社群管道，以及Tumblr和Medium等較新的社群媒體，也許都是打造平台時可納入考量的首選，還可根據不同的目標觀眾從中選擇，不過一定要充分了解利用這些管道的風險。

安全牌

觀察當今成長最迅速的媒體企業如Buzzfeed或Vice Media，又或者較為成熟的新興媒體平台如《哈芬登郵報》，甚至你也可以觀察傳統出版業，例如《紐約時報》或《時代雜誌》。這些企業都十分善於利用社群管道，也都成功由此培養出觀眾群，然而他們並不是在社群管道建立核心平台。

上列每間企業都選擇架設網站或推出紙本所有物（兩者皆有訂閱人），兩者都是企業可全權擁有且控管的平台，同時他們利用其他管道吸引讀者回到自身的平台，進一步將「路人讀者」轉換為觀眾群並從中獲利。

啟動平台

創投企業OpenView Venture Partners的投資對象是有發展潛力的科技公司。二〇〇九年，OpenView公司推出新的內容平台，名為OpenView Labs（http://cmi.media/CI-openview），主要是透過定期提供文章內容，吸引讀者訂閱電子報（目前據稱已有三萬六千名訂閱人……以創投公司而言表現不錯；請見圖8.2）。

---

* 使用者在網路留下的各種使用紀錄。

卡夫食品(Kraft Foods)是全球首屈一指的食品品牌，旗下有KraftRecipes.com網站*。據卡夫食品的KraftRecipes.com資料暨內容總監茱莉・福萊歇(Julie Fleischer)表示，卡夫公司聘僱二十名烹飪專家協助公司每日的產品開發工作。目前公司網站上共有三萬份食譜，而卡夫公司可以直接透過網站賺取廣告費用(請見圖8.3)，也可以由旗下雜誌《卡夫食品與家庭》(*Kraft Food & Family*)的平面廣告創造營收。

一八九五年農具製造商強鹿公司(John Deere)推出雜誌《犁》(*The Furrow*)，至今仍持續發行，目前提供紙本與數位版本，並且有十四種語言版本在全球四十個國家販售*。《犁》雜誌一直以來的理念就是協助農民了解最新技術以及擴展農場與事業(圖8.4)。

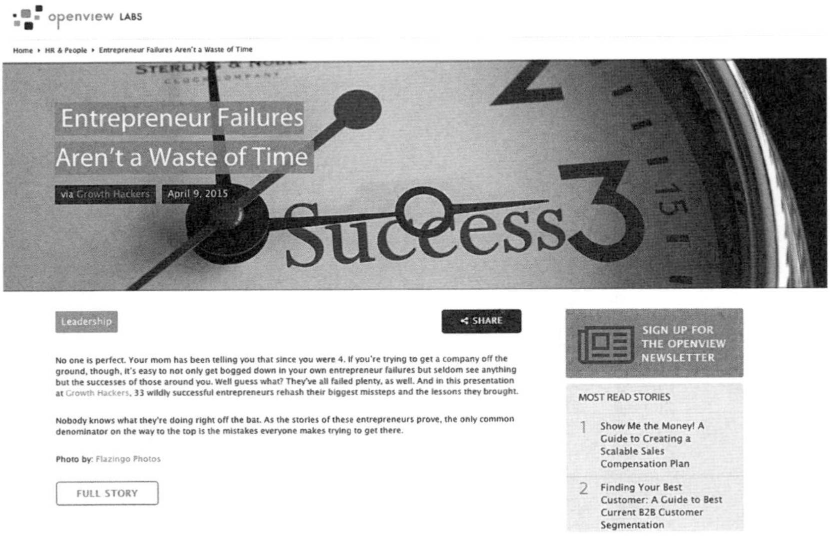

圖8.2　OpenView Venture Partners以OpenView Labs為內容品牌經營部落格平台。

* http://cmi.media/CI-kraft

圖8.3　卡夫公司所提供的內容：食譜網站KraftRecipes.com。

圖8.4　全球最古老的內容型方案：強鹿公司發行的《犁》雜誌。

有技術嗎？

該用什麼工具架設網站？

儘管目前已有數種網站出版平台的開放資源（例如：Joomla、Drupal）和封閉資源（.NET），大部分的內容型企業仍採用WordPress架設網站。現在約略有七千五百萬個網站是利用WordPress建置，佔全球網站數量的百分之十九。此外，圍繞WordPress所組成的社群非常活躍，意謂著如果你需要在網站加入外掛程式（plug-in），八成已經有人替你開發完成了。

該選擇何種電子郵件平台？

市面上有幾個優良的電子郵件系統適合小型企業使用，例如Emma、MailChimp，或Aweber。由於電子郵件訂閱人是內容型計畫的關鍵，聰明的做法會是儘早選擇可靠的電子郵件供應商。

好萊塢明星葛妮絲・派特洛在近期推出了名為Goop的內容型企劃**。Goop的前身是成立於二〇〇八年的每週電子報，主題包含旅遊指南及購物訣竅，而現在Goop則已進化成功能完整的媒體網站，訂閱者達到一百萬人以上（圖8.5）。

「內容創業模式」觀點

- 最具代表性的媒體品牌都是以相同方式崛起：長年在相同的內容傳播管道，發布相同類型的內容。
- 選擇符合策略的傳播管道之前，必須先了解利用他人經營的社群管道會有一定風險。儘管社群媒體較能有效吸引觀眾，後期產生的風險卻更為巨大，因為社群管道並不是你有權控管的資產。
- 幾乎在所有個案中，WordPress平台是最能配合部落格平台策略的資源，因此建議你在開始經營部落格之前，先深入了解WordPress。

* http://cmi.media/CI-furrow

** http://cmi.media/CI-goop

圖8.5　演員葛妮絲・派特洛運用Goop.com打造出蓬勃發展的內容型事業。

參考資料

麥可・海亞特，《天王部落客教你把粉絲變成錢》，商周出版，2013。http://michaelhyatt.com/platform.

Michele Linn, “Kraft foods: Tools to Create the Right Recipe for Your Content Marketing Plan,” ContentMarketingInstitute.com, http://contentmarketing institute.com/2013/10/kraft-content-marketing/.

Craig Hodges, “How Kraft Owns the Recipe Business,” KingContent.com.au, http://www.kingcontent.com.au/how-kraft-owns-the-recipe-business-five -lessons-from-julie-fleischer/.

Tom Ewer, “14 Surprising Statistics About WordPress usage,” ManageWP.com, https://managewp.com/14-surprising-statistics-about-wordpress-usage.

第九章
構思內容

不具危險性的想法完全稱不上是想法。

——奧斯卡・王爾德

《大家都能寫出好文章》（*Everybody Writes*）的作者安・漢德利（Ann Handley）之所以對「內容創業模式」充滿信心，是出於兩大原因，漢德利在一次訪談中提到：

第一……因為這套模式很確實的把觀眾需求擺在首位，就某方面來說，你其實是把觀眾看作事業的合作對象……我很喜歡這種以觀眾為中心的態度。

第二點，創作內容不只是為了行銷，也不只是為了培養觀眾而進行的外在活動；……內容的美好之處就是有助於個人成長，作者也會在創作內容的同時成長，換句話說，創作內容簡直就是在督促你提升思考能力。在創作內容並獲得觀眾迴響的過程中，你可以持續精進自己的觀點，最後再將觀點融入你正在創作的內容。

只要觀察網路上任何一個具代表性的資訊來源，肯定會發現網站初期推出的內容和目前的內容大相逕庭。隨著時間過去，這些內容越來越符合觀眾群的需求，同時創作者也開始發掘出甜蜜點（如前文所述，發掘甜蜜點有時候需要時間）。

> 完成比賽固然重要，但比賽過程更是重要。
>
> ——戴爾．伊恩哈特（Dale Earnhardt）*

「內容創業模式」要發展到成功這一步，唯有努力一途。發掘甜蜜點和鎖定內容與競爭者的不同之處後，下一步便是長期構思出吸引人的想法與內容，這一點也許令人覺得難以實現，不過實際投入工作將會改變你的想法。

大多數無法成功針對內容培養想法的創業家，都是因為缺乏計畫。如果你的工作方式是坐在電腦前，等待靈感自動出現，你可是大錯特錯。

構思內容企劃其實並沒有標準做法，不過你還是需要一套流程。

內容查核

考量自己需要哪一類內容之前，首先你必須檢視自己現有的想法。此外，你也必須判斷現有的想法是否有任何可取之處，又或是更理想的情形下，你是否有些尚未成形卻十分有價值的內容，可以在執行「內容創業模式」時加以利用。

這個步驟為什麼如此重要？以我的合作經驗而言，有不少公司計畫推出全新的電子書和白皮書，並且聘僱自由工作者和編輯加以協助，卻在計畫進行至一半時發現，大部分的內容都已有人製作。只要事先執行簡單的內容查核，就能為這些公司省下許多時間與金錢。如有需要全盤了解為何以及如何執行內容查核，請參考連結的實用資料：http://cmi.media/CI-audit。

五十道問題

馬可斯．謝里登和River Pools & Spas的成功經驗中，最令人難以置信的一點，就是馬可斯從未真正裝設過玻璃纖維游泳池，儘管世界上大多數人都認為他是專家。秘訣就在於：「聆聽是最佳的內容策略。」

馬可斯願意聆聽顧客、員工，以及Podcast……他把聆聽的責任做到十全十美，接著他會腦力激盪、構思內容。馬可斯指出：「如果你想不出五十個問題，就表示你不夠努力。只要每週寫作兩次，就足以完成一年份的內容。」

打開筆記本並且列出觀眾可能想了解的問題清單，在這個階段，答案沒有對錯之分，千萬不要暫停和修改任何內容——只需記錄問題即可。完成寫滿五十道問題的清單後稍做休息，等待一

* 著名賽車手。

段時間，接著再次檢視清單開始挖寶。

善用自由書寫術

馬克・李維（Mark Levy）（《自由書寫術》作者）曾為我上了一堂「自由書寫」速成課程。「自由書寫」也稱作「意識流書寫」，這種寫作技巧指的是在一段時間內恣意寫作，毋需顧慮拼字或甚至主題。馬克就是運用這種方式協助客戶，發掘出創作者心中尚未成形的內容。

《療癒寫作》的作者娜妲莉・高柏（Natalie Goldberg）簡要整理出自由書寫的規則：

- 訂下時限，在一定的時間內寫作，時間結束便停止。
- 在時限內持續寫作，避免暫停和盯著空白處或重讀自己寫下的文字。書寫時要迅速但不倉促。
- 忽略文法、拼字、標點符號、簡潔，或風格等規則，你寫下的內容不需要讓他人閱讀。
- 如果偏離主題或是沒有其他想法，還是要繼續寫作。有需要的話，也可以寫下毫無意義或是腦中出現的任何想法，甚至胡亂塗寫也沒問題：只要想盡辦法讓手繼續動作即可。
- 如果在書寫過程中感到無聊或不自在，自問是什麼原因令人困擾之後記錄想法。
- 書寫時間結束後，從頭看一次自己所寫的內容，並且標記有可用想法的段落或可能值得保留的詞語，又或者在下次自由書寫時繼續闡述想法。

發現Google快訊（ALERTS）的樂趣

Google快訊是一項免費服務（只要有Gmail帳戶即可使用），可以將搜尋關鍵字的相關網路內容寄送至信箱。舉例來說，假設你對多人遊戲Minecraft的相關內容有興趣，可以要求Google快訊在發現新網頁時發送通知，例如新的遊戲攻略或是遊戲上市的消息。

你可以在新網頁出現的當下收到快訊，無論是每日或是每週，而這些文章有可能會成為你的內容素材。

請注意：別忘了正在上升的Google搜尋趨勢或熱門主題，這些資訊也可以是實用的素材。

Twitter主題標籤

和Google快訊功能相同的工具，還有產業中的主題標籤，可以為內容提供新的方向。例如，網路上有不少話題圍繞著「智慧內容」，而智慧內容的主題標籤是#IntelContent，只要在Twitter上搜尋主題標籤，或是設定像Tweetdeck這類方便管理Twitter系統的儀表板軟體，就能夠監控這個話題在社群媒體的討論情況。你也可以在Facebook和LinkedIn上運用主題標籤，不過我認為效果仍然不及Twitter。

自我分析

如果傑伊．貝爾沒有分析自己的網站流量，就無法發現轉換內容的方向是社群媒體。他在發表一篇關於社群媒體的文章後，觀察到網站流量是前一篇電子郵件行銷文章的二至三倍。務必要養成每週自我分析的習慣，找出大眾最有興趣的主題，以及他們是如何發現你的內容。根據觀眾最重視的主題創作更多內容，才是合理的選擇。

請注意：儘管市面上有數百種分析系統，Google Analytics 卻是免費且相對易於安裝的工具。

員工討論

許多員工不敢協助企業主創作內容，是因為他們不了解編輯過程附加的價值。就你的目的而言，你希望從員工身上獲得「尚未成形」的內容……也就是那些讓他們成為特定主題專家的資訊。你必須讓工作團隊的成員感到安心，向他們保證內容會在編輯過程中「精雕細琢」。接著再利用以下訣竅鼓勵員工著手開始：

- **記錄。**如同你的五十道問題或自由書寫練習一般，儘管鼓勵員工說出自己的想法。你可以和員工一起喝咖啡，同時記錄對話內容，只要和他們談一談目前面對的挑戰，就能夠在不知不覺中蒐集到二十種關於內容的想法。

• **解說板**。如果員工無法敞開心胸暢談想法，請他們在腦中思考自己想說的話，並且在便利貼寫下關鍵詞語或概念，甚至也可以在便利貼畫下自己的想法。這個好方法尤其適合整理較為複雜的想法。

向社群網站求教

雖然不該濫用這個方法，不過利用社群網站取得資訊會是很有效的做法，特別是針對特定領域時。你現在讀的是這本書、而不是其他主題書籍的原因，正是由於「內容創業模式」的概念太過遙遠，是我在社群網站上最少被問及的資訊。（請見圖9.1，透過此圖向我的Facebook朋友與粉絲表示感謝。）

實用工具

有幾位多產的部落客是利用Evernote記錄和內容有關的想法，而Evernote是一款用於記錄的應用程式，可同步至所有裝置（智慧型手機、平板電腦等等）。HubSpot的內容副理喬．切爾諾夫（Joe Chernov），就是運用Evernote記錄新想法與隨機的思緒，他甚至還會用Evernote完成「寫作中」的部落格文章。

有些人偏好用圖像記錄關於內容的想法，所以會使用Mindjet這一類的心智地圖軟體。努特．巴瑞特是和我一起編寫《內容行銷塞爆你的購物車》的共同作者，他就是運用Mindjet排列出書中的各個章節，同時也呈現出目錄和個案分析的細節。

麥克．海亞特則是獨鍾Scrivener這項工具。最初，Scrivener的使用者大多數是劇作家，但近來也有越來越多部落客開始使用。

閱讀毫無關聯的書籍

每過一段時間，我的創造力就會逐漸枯竭，無論多麼努力，我就是無法專注在吸引人的主題之上。此時的最終手段，就是閱讀和內容領域毫不相關的書，我總會在讀好書的過程中，發現自己的腦中突然冒出極為出色的想法。我極力推薦羅伯特．海萊因（Robert Heinlein）的《異鄉異客》（*Stranger in a Strange Land*），或是《梅岡城故事》（*To Kill a Mockingbird*）、《銀河便車指南》（*The Hitchhiker's Guide to the Galaxy*）等經典大作。

> 如果你沒有時間閱讀，就不會有時間（或工具）寫作。就是如此簡單。
>
> ——史蒂芬．金

圖 9.1　透過社群媒體直接獲得來自交友圈的迴響，有時是件很幸運的事。

「內容創業模式」觀點

- 創作任何新內容之前，務必要先分析自己現有但尚未成形的內容。
- 顧客的疑問可能會是內容靈感的珍貴來源。
- 若想了解內容的運作狀況，最佳方法就是觀察實際的內容行為。至少每週分析一次相關數據，開始發掘目前的當紅話題。

參考資料

馬克・李維，《自由書寫術》，商周出版，2011。

娜妲莉・高柏，《療癒寫作》，心靈工坊，2014。

Bill Miltenberg, "To Save His Business, Marcus Sheridan Became a Pool Reporter," PRNews.com, http://www.prnewsonline.com/featured/2012/09/06/to-save -his-business-marcus-sheridan-became-a-pool-reporter/.

Stacey Roberts, "How to Consistently Come up with great Post Ideas for Your Blog," ProBlogger.net, http://www.problogger.net/archives/2014/02/03/content-week-how-to-consistently-come-up-with-great-post-ideas-for-your-blog/.

第十章
內容行事曆

你可以擁有一切，只是無法一次擁有。

——歐普拉．溫芙蕾

無論我們有多麼專業，或是在業界有多麼資深，還是會永無止境的追求、以「更好的方式」完成日常工作：探索新工具、實驗新技術、考量新資訊。創新發明不停出現，眾人因此得以在工作時花費較少的時間、降低徒勞的次數、並且獲得更顯著的成果。「創新再造」在現代基本上已經如同可以交易的商品，同時也是持續推動數位社會進步的原動力。

即使是內容行銷利器中最穩定、最可靠的工具——（內容）編輯行事曆——多年來也歷經不少轉變：從用於追蹤發行內容的簡單表格，成為管理公司內容行銷專案時程的必備助手。

所有的「內容創業模式」創業家都有一個共通點：利用內容行事曆記錄和執行工作流程。現在就著手開始吧。

基本事項

首先要蒐集必要的「內容創業模式」資訊，也就是創作內容所需的基礎資料。回答下列問題有助於你判斷需要用行事曆追蹤哪些資訊，也有助於你在規劃內容創作的同時，專注在行銷目標之上。

- **創作內容的觀眾是誰？**規劃如何以內容行銷滿足觀眾需求的過程中，重點之一就是建立行事曆時，要將目標觀眾擺在首位。
- **創作內容的原因為何？**內容行銷的宗旨與目標，會左右發行的內容、平台，以及頻率，也會影響團隊如何排序、組織、分類，甚至標記內容成品。整體而言，內容成功與否取決於吸引或留住訂閱人的能力（請見第十四章）。
- **有哪些可運用的資源？**也許你有個認真投入的寫作及攝影團隊、一群樂於分享觀點的產業專家，或只有幾位不情願創作內容而需要加以提點的主管；無論如何，你記錄於行事曆中的事項，例如內容發行的形式、頻率，以及整體工作流程，大多都會因內容作者及其專業領域的不同而有差異。
- **與競爭者有何不同之處？**你所製作的內容，可以滿足產業中哪些尚未解決的需求？在你目前完成製作的內容中有哪些漏洞，或是競爭者的內容成品中又有哪些漏洞？一年之中業界發生了哪些大事，可以與你的內容彼此連結，進而增加內容的曝光率？先了解自己在何處可以取得領導者地位，也就是獲得最多觀眾的關注，如此一來，你才能在編輯行事曆中排滿最具效果的內容，幫助自己順利達成商業目標。

設計行事曆

目前市面上有不少付費或免費的行事曆工具，可以幫助你設計屬於自己的編輯行事曆，這些工具如下：

- Trello
- Divvy HQ
- KaPost
- Central Desktop
- Workfront

不過，從簡單的Excel工作表或是可共享的Google試算表著手也是個好選擇，你可以善用這些工具追蹤內容編輯流程的進度。

莎娜．馬龍（Shanna Mallon）是網路行銷公司Straight North的撰稿人，她提出的幾項建議有助於簡單、快速的建立內容行事曆，清楚彙整銷售週期。以最基礎的角度而言，我們建議編輯行事曆應包含以下欄位：

- 內容發行日期
- 內容主題或標題
- 內容作者
- 內容負責人——例如是誰負責監督內容由構思到發行及宣傳的流程
- 內容目前進度（隨著發行週期的進展更新）

公司的內容定位與宗旨、團隊的工作流程、內容發表的形式與平台，以及內容的創作量等，在上列因素的影響下，你可能會需要持續追蹤以下要素，才能夠長期保持有條不紊：

- **內容發行管道**。你可以只追蹤自有管道（例如自行推出的部落格、網站、電子報等等），也可以將追蹤範圍擴大至付費或社群媒體管道。
- **內容類別**。你的內容是部落格文章？影片？Podcast？資訊圖表（infographics）？還是原創圖片？為了讓創作內容發揮最大效益，你可能需要在時機成熟時考慮改變發行形式（請見第十三章），因此最好從初期就確實記錄現有的內容類別。
- **視覺呈現**。就媒體資產而言，千萬別忽略視覺呈現可為內容增添的吸引力，不論是社群媒體的分享潛力，或是整體的品牌辨識度都能有所提升。記錄內容成品中使用的各種視覺元素，如封面圖片、標誌、插畫、圖表等等，有助於你的內容作品展現代表性的形象以及一致的品牌識別。

- **主題類別**。根據主題分類可以讓行事曆更易於搜尋，你可以由此檢視哪一類目標主題的內容創作量已十分豐富，或是有哪些主題的內容量稍嫌不足。
- **關鍵詞與其他詮釋資料**（metadata）。所謂的詮釋資料包含網頁描述（metadescription）與搜尋引擎最佳化標題（SEO titles）（如果與網頁標題不同則需特別追蹤），記錄這些資料可以讓引擎最佳化策略和內容製作相輔相成（詳情請見第十五章）。
- **超連結**。這類資料容易歸檔整理，便於隨時查核線上內容，或是在新製作的內容中放入舊內容的連結。
- **召喚行動**（**Calls to action**）。紀錄召喚行動的相關字眼，可以確保你製作的每一份內容都符合公司的行銷目標。
- **觀眾群獲得的益處**。這大概是整個行事曆中我個人最喜歡的部分；如果你同時與多位內容作者合作，務必要在行事曆加上讀者從中獲得的益處。列出這些益處就等同於清楚說明，你希望觀眾群從內容中得到什麼好處，是找到更理想的工作？學會一項技能？還是從某方面改善生活品質？明確列出這些目標之後，創作內容的個人或團隊便能從觀眾的角度出發，理解內容真正的目的。

同時使用多個編輯行事曆可能會更加便利；舉例來說，你可以設置一個主要行事曆，用於快速檢視所有事項，再依各個活動分別設置不同的行事曆。CMI編輯團隊也是採用類似方式：建立有多個分頁的工作表，將所有需要追蹤的編輯資訊紀錄於同一份文件。

圖10.1是CMI團隊的編輯行事曆範本，你可以由http://cmi.media/CI-caltemplate下載範本，再依不同需求自行修改。

維持充實且集中的行事曆

如前一章所述，構思內容是一段持續且不可或缺的過程。當你對內容的想法越來越明確，就可以將這些想法紀錄於內容行事曆。

從圖10.1的範本可以觀察到，CMI團隊也會運用行事曆記錄對某些主題的想法，我們希望將來可以把這些想法製作成內容（請見「部落格文章——想法（Blog posts – Ideas）工作表分頁」）。只要在行事曆的工作表中記下想法清單，每當我們需要

	Author	Headline	Status	Call to action	Category	Notes
Week of November 3						
Monday, November 3, 14						
Tuesday, November 4, 14						
Wednesday, November 5, 14						
Thursday, November 6, 14						
Friday, November 7, 14						
Saturday, November 8, 14						
Sunday, November 9, 14						
Week of November 10						
Monday, November 10, 14						
Tuesday, November 11, 14						
Wednesday, November 12, 14						
Thursday, November 13, 14						
Friday, November 14, 14						
Saturday, November 15, 14						
Sunday, November 16, 14						
Week of November 17						
Monday, November 17, 14						
Tuesday, November 18, 14						
Wednesday, November 19, 14						
Thursday, November 20, 14						
Friday, November 21, 14						
Saturday, November 22, 14						
Sunday, November 23, 14						
Week of November 24						
Monday, November 24, 14						
Tuesday, November 25, 14						
Wednesday, November 26, 14						
Thursday, November 27, 14						
Friday, November 28, 14						
Saturday, November 29, 14						

圖10.1　用Microsoft Excel製作的簡易編輯行事曆範本。

某些主題的靈感或腦力激盪的素材時，這份清單就會是很方便的參考工具。

再次提醒，工作表中的欄位可以依個人需求設定或變更，不過我們仍然建議你至少要記錄以下幾點：

- 對特定主題的想法
- 想法的發想人
- 內容所涵蓋的目標關鍵字以及類別（請見第十五章）
- 有時間且有有能力寫作這份內容的人
- 發行內容的時程

CMI的內容部副理蜜雪兒・林恩（Michele Linn）建議，可以在內容行事曆加上額外的工作表分頁，例如：

- 可在新內容中達到呼籲行動效果的現有內容（可下載的電子書或白皮書，功能是吸引訂閱人）
- 可以多次利用、製作成不同內容的想法
- 可供彙整及策展（curated）的內容

超前進度

創業家經常提出的問題之一就是如何安排時間，究竟該超前編輯行事曆多少時間才足夠？儘管超前進度並沒有「統一的正確方式」，通常內容行銷團隊會採取以下做法：

- 一年進行一次會議，討論整體的發展方向和編輯策略。這麼做有助於你大致了解內容的創作方向，也就是要符合組織的宗旨。
- 每季進行一次會議，針對下一季彙整內容主題。目的是大致規劃內容，同時釐清每週的內容主題、工作團隊、以及製作時程。
- 每週進行會議，針對需要之處修正。你的團隊將有機會在此時將新鮮的內容排入時程表，或者趁勢利用近期的產業新聞（也就是即時行銷）。

優秀的編輯團隊對於下個月要發行的內容，已經有非常出色的想法，而他們也清楚知道，接下來兩週要發行的內容為何。如果你和團隊對未來製作的內容毫無頭緒，就會產出平淡無奇的內容，也會在製作流程中犯錯，最後危及整個商業模式。

「內容創業模式」觀點

- 沒有內容行事曆的輔助，策略絕對無法成功。
- 一年只需要舉行一次大型的編輯策劃會議，但負責內容的團隊每個月都應該舉行數次會議。
- 在內容行事曆加上「觀眾群所獲得的益處」欄位，有助於創作者清楚了解每一份內容資產的最終目的。

第十一章
內容團隊人力安排

一個人的才智絕對不敵一群人的頭腦。

——肯・布蘭切特(Ken Blanchard)*

在我們訪談過的內容型創業家中，幾乎每一位都沒有工作團隊，只有創業家單打獨鬥的開創事業。我成立CMI時就是如此；布萊恩・克拉克創立Copyblogger媒體公司時也是如此；「雞的悄悄話」或是美妝百萬創業家蜜雪兒・潘都是如此。

然而，當內容平台從興趣為主的事業，開花結果成為一間持續成長的企業，規模才是其中的關鍵。這表示你需要一個團隊，幫助你邁向下一個階段。

內容團隊職位

* 美國作家與管理學專家。

「我們需要哪些人力職位，才能成功利用『內容創業模式』？」

我經常聽到大大小小的企業提出以上問題，這個問題不僅重要，也難以解答……不過我們還是必須仔細規劃人力。

儘管內容型組織並沒有完美的架構，而且各個組織會因為觀眾群及內容定位不同而有差異，我們仍然需要思考如何設置一定的職位，讓成功不再遙不可及。

請注意：下列清單並不只是新的職位名稱，而是企業整體不可或缺的各種核心能力。如你所見，以下不少「職位」都可以有多種職稱。

內容執行長（亦即創辦人）

你很有可能就屬於這個職位。內容執行長的職責是訂立公司的整體編輯與內容宗旨，當個別員工致力於創作和內容策展，內容執行長必須負責確認公司所說的故事與宗旨一致，而且對（不同的）觀眾群有所幫助。

此外，內容執行長也必須了解如何將故事轉化為成果，達成公司的商業目標（吸引新的訂閱人、留住現有的訂閱人、創造營收等等。）

職稱範例：內容執行長、創辦人、企業主、執行長、發行人

管理編輯

管理編輯的職責包含說故事和管理專案，同時要代表內容執行長推展內容計畫。內容執行長的工作重心在於擬定策略（以及部份內容），而管理編輯則要負責執行計畫，並且與下屬合作將故事化為現實（其中包含為內容排程）。

職稱範例：管理編輯、主編輯、專案經理

溝通執行長

溝通執行長專門負責社群媒體和其他內容傳播管道，扮演「空中交通管制員」的角色，職責就是聆聽不同群體的意見、維持彼此的對話、並且向合適的團隊成員傳達（和／或通知）回饋意見，再由該成員負責與各部門溝通（也許是內容執行長、編輯團隊，或是業務團隊）。這套意見回饋機制十分重要，是內容能否真正影響觀眾群的關鍵。除此之外，溝通執行長也必須密切關注內容發表在自有媒體網站（如部落格）的情況，再將情資向內容執行長和管理編輯彙報。

職稱範例：社群媒體經理、社群部經理

觀眾群總監

觀眾群總監負責觀察觀眾群的成員，並且確保內容作者對觀眾群有十足的認識，要了解觀眾群的特質、可以引起觀眾熱情的事物，以及公司期望觀眾採取的行動。觀眾群總監也需要負責製作訂閱資產（實體郵件地址清單、電子郵件地址清單、社群媒體訂閱記錄），而隨著公司的內容宗旨逐漸成熟、擴張，這些資產會持續增加，也可依據需求分門別類。

職稱範例：觀眾群開發經理、傳播部經理、訂閱部經理

傳播管道主管

無論內容的傳遞方式為何（社群媒體、電子郵件、手機、印刷、面對面等等），傳播管道主管都必須負責發揮出各管道的最佳效益。哪一類內容最適合以SlideShare呈現？發送電子郵件的最佳時機和頻率為何？在Twitter上發布原創內容與篩選資料整理而成的內容時，兩者的適當比例為多少？誰負責長期追蹤行動裝置策略與執行？傳播管道主管的職責就是為團隊解答以上或類似的問題。

職稱範例：管理編輯、行銷總監、社群媒體經理、電子媒體經理

技術長

隨著行銷及資訊技術興起，企業至少需要有一人（也許需要更多人力），負責在內容行銷流程中善用這些技術。技術長會負責監督公司的發行系統（確保資訊順暢流通），例如網站基礎架構和電子

郵件系統，以及兩者的整合方式。

職稱範例：電子媒體經理、IT部門經理、網路服務經理

創意總監

在這個時代，內容的設計與形象無比重要，尤其當視覺社群管道已逐漸成為吸引並留住訂閱者的主要管道。創意總監負責內容的整體形象與風格，工作範圍涵蓋網站、部落格、圖片、照片、以及其他所有的附加設計。

職稱範例：創意總監、平面設計部經理

影響力公關

向來稱作「媒體公關」的職位，將會演變成管理影響力的工作。影響力公關的職責包括擬定一份「目標清單」，列出具有影響力的人物，並且直接經營與這群人的關係，接著以最有效的方式，在行銷過程中融入這些人物的影響力。

職稱範例：公關經理、媒體部經理、行銷總監、宣傳部經理

自由工作者與仲介公關

隨著內容需求持續演變（及增加），企業組織對自由工作者及其他外部內容供應商的依賴也會持續成長。組織必須培養屬於自身的「專家」內容團隊與人際網，而仲介公關則是負責協調人員的薪資費率與職責，確保團隊全數成員的工作目標一致，可以代為執行你的內容型企劃。

職稱範例：管理編輯、專案經理

內容策展總監

隨著內容資產逐漸增加，你的公司將有大好機會重新包裝內容和重製內容形式（詳述於第十三章）。內容策展（curation）總監負責持續檢視組織內所有的內容資產，並且擬定運用資產創新內容的策略。

職稱範例：社群媒體總監、內容策展專家、內容總監

內容策展個案分析：Dwell媒體

二〇一四年，我在Niche CEO高峰會發表專題演說，同席還有幾位出色的發行人，其中一位是Dwell媒體公司的總裁蜜琪拉·歐康納·亞柏拉罕（Michela O'Connor Abrams）。如果你對Dwell認識不深，Dwell原本是小型又小眾的設計雜誌公司，後來搖身一變成為快速崛起的多媒體設計品牌。

在蜜琪拉的領導之下，這間公司晉升全球頂尖網站，目前擁有三十萬付費雜誌訂戶，社群媒體觀眾數也令人咋舌（例如Twitter追蹤人數超過五十萬）。當然，Dwell也曾和所有的新創事業一樣，為了改變創作和傳播內容的方式吃盡苦頭，不過蜜琪拉表示，公司做出一項改變後，情勢從此改觀。

僱用內容策展專家

大致而言，內容策展指的是以非自製內容為基礎，再增添資訊、加強內容、並且／或是用新的脈絡或觀點加以詮釋，製作出全新的內容。CMI對「內容策展」的定義如下：

> 內容策展意指，利用「外界」談論特定主題的脈絡，向特定觀眾說明或推廣品牌態度。

在內容策展的過程中，儘管應該以善用非自製內容為主，但讓Dwell公司更上一層樓的內容策展技巧，卻是以善用內部資產為主，也就是利用Dwell先前製作的內容進行策展。

Dwell的內容策展專家必須全面且深入了解，組織現有的全數內容資產（亦即不考量外來內容）。策展專家首先會執行完整的內容查核，接著負責以下工作：

- 熟知可用於創新的內容資產，包含文字、圖像，以及聲音內容
- 有效的標記、分類、統合上述內容素材，並存入資料資產管理系統
- 與內容行銷團隊合作，擬定明確的傳播管道計畫
- 運用現有資源規劃並執行內容策展策略

除了彙整內容之外，也需要制訂長期儲存和管理內容的流程（同時要確保這些資產易於查找），之後，策展專家便可以填滿編輯行事曆中不該留白之處，而且不需要支出經費製作新內容。這套模式如何發揮效果？只需看一眼Dwell媒體的Twitter時間軸，就能發現不少實例：從歸檔內容擷取出故事與圖片。在內容標記正確的條件下，一旦策展人發現新的主題，全新的內容組合就會浮現（例如各類「派對型住所」的設計圖片，都是取自過去幾年不同期數的雜誌——請見圖11.1）。

蜜琪拉認為，Dwell近年來之所以成功，秘訣（也許現在已經稱不上是祕密）就在於這個新型態職位。

圖11.1 Dwell公司持續重製圖片及部落格內容，改編為社群媒體的系列內容，這套策略十分成功。

職位如何轉化為實際生產力

CMI有幾位成員正好符合前文的職位，尤其是以下幾位：

- **創辦人喬・普立茲**。我負責確立內容的整體風格，同時長期觀察訂閱人如何為公司創造營收。此外，我也是品牌的主要發言人，在行銷過程中有多重功能。

——職位：內容執行長（兼任）

- **內容部副理蜜雪兒・林恩**。蜜雪兒是內容團隊的直屬上司，工作重點為開發足以留住訂閱人的內容。

——職位：內容部副理（兼任）、管理編輯

- **行銷總監凱西・麥菲力普（Cathy McPhillips）**。凱西負責運用公司現有的所有管道傳播內容，並且分析成果。公司內各種與訂閱數相關的目標，最終都是由凱西負責。

——職位：傳播管道主管、觀眾群總監

- **創意總監喬瑟夫・卡利諾夫斯基（Joseph Kalinowski）**。喬瑟夫負責監督CMI所有內容的視覺設計。

——職位：創意總監

- **社群經理莫妮娜・華格納（Monina Wagner）**。莫妮娜負責監督公司使用的所有社群管道，同時聆聽觀眾群對內容的反饋。

——職位：溝通執行長

- **電子媒體經理蘿拉・柯薩可**（**Laura Kozak**）。基本上，任何登上公司網路財產（網站、部落格、活動網頁）的內容，都是蘿拉的工作範圍。

——職位：技術長（兼任）

- **IT總監大衛・安東尼**（**David Anthony**）。大衛負責管理公司內所有的技術基礎架構，涵蓋主機、行銷自動解決方案、以及網站整合。

——職位：技術長（兼任）

- **部落格社群與營運總監莉莎・多爾蒂**（**Lisa Dougherty**）。莉莎負責與自由文字工作者和撰稿人合作，以他們習慣的方式提供協助，並確保合作對象準時交稿。

——職位：自由工作者與仲介公關

- **公關與媒體經理亞曼達・薩博勒**（**Amanda Subler**）。亞曼達負責讓公司內容（例如研究報告）登上大眾媒體以及部落客網站。

——職位：影響力公關

- **內容編輯經理茱迪・哈里斯**（**Jodi Harris**）。茱迪的工作目標是利用公司現有的內容資產，編寫全新的電子書與報告，以吸引新的訂閱人。

——職位：內容策展總監

此外，CMI還有幾位專業人士負責協助公司流程：

- 克萊爾．麥克德莫特（Clare McDermott）是公司旗下雜誌的總編輯，職稱同為內容執行長
- 專案經理安琪拉．萬努奇（Angela Vannucci）負責監督雜誌製作流程，也負責專案處理每一場網路研討會。
- 策略執行長羅伯特．羅斯（Robert Rose）負責公司內容資產、智慧內容研討會，職稱同為內容執行長，同時也負責監督所有內部訓練及指導活動。
- 馬夏亞．萊福．強斯頓（Marcia Riefer Johnston）是「智慧內容」（Intelligent Content）部落格的管理編輯。CMI所涵蓋的專業領域內容，是以使用者群中的特定群體為目標觀眾。
- 線上訓練總監查克．佛萊（Chuck Frey），負責管理部落格文章以外的各類訓練資源。
- Podcast總監潘蜜拉．馬爾登（Pamela Muldoon）負責製作公司所有的Podcast內容。
- 研究總監莉莎．默頓．畢次（Lisa Murton Beets）負責管理CMI製作的每一份研究報告。
- 公司網站上的每一份內容，都需要經由亞特里．羅爾斯頓（Yatri Roleston）和安．琴恩（Ann Gynn）檢查及校對。公司內部也會確認每份內容是否符合搜尋引擎最佳化的策略。

內容委外自由工作者

你也許會需要人手協助持續開發內容，或者換言之，你可能會需要其他的內容作者協助，才能維持一定的創作速度與品質。

該如何尋找外界的優質內容撰稿人（有時稱作「特約作者」）？是否應該聘僱優秀的撰稿人，再對

他們灌輸商業知識？又或者應該聘僱熟知業界的專業人士，再傳授他們寫作技巧？你可以先考量以下幾項建議：

「遊戲理論」如何操作（operationalize）內容

YouTube頻道「遊戲理論」的主軸是各種電玩經驗涉及的分析與數學原理，其創辦人馬修·派翠克白手起家，卻培養出超過四百萬名訂閱人的觀眾群。以下是馬修如何為多樣商業路線安排人力的詳細經驗。

「遊戲理論」同時經營兩種不同的分支事業，不過兩者卻完美的相輔相成。首先是生產單位，負責製作YouTube影片及創意發想，生產單位中最大的資產是Game Theorists，目前旗下約有十三至十六人，包含特約編輯、撰稿人、銷售團隊等等。……在生產事業，我們會專為電玩品牌、傳統廣告公司客製化影片，或是製作類似的作品，全都是透過Game Theorists頻道公開，而這些影片主要是在推銷產品或品牌提供的服務……而在這個行銷過程中，我是負責寫稿的角色，我是所謂具有影響力的人物或名人，我們負責宣傳品牌話題(messaging point),將觀眾群轉化成銷售量。

所以除了製作一般影片之外,我們也製作了不少品牌合作影片,通常是電動遊戲公司請我們提供客製化內容或直接反應式廣告,也會有其他品牌請我們協助提升品牌認知度的企劃,基本上這就是生產事業的範圍。

接著是諮詢服務的分支事業。在諮詢事業,我們的營運方式和傳統顧問業很類似,我們的專長是在媒體空間讓觀眾群自動成長,尤其擅長利用YouTube,所以目前的服務範圍非常大,端看客戶需求。而在各式各樣的諮詢服務中,我們也可以協助舉辦一日工作坊,也就是我們進駐你的公司,帶領你和你的團隊從YouTube新手變專家,你會深入了解有關內容的一切、在YouTube平台什麼內容才有效果、如何用精細的最佳化設定提升自己的能見度,以及如何更進一步的擬定成功策略。

我們也會負責一些長期專案,所以有些人力幾乎是以全職狀態與各式各樣的公司合作,扮演類似內容部經理或傳播管道經理的角色。

諮詢事業的範圍呈現光譜狀,大致上就是如此。而我們根本原則就是:在新型態媒體空間中,利用數據導向的決策促使觀眾群自然成長。

- **請記得，專業應該是輔助工具，不該是破局元兇。**特質符合企業文化的優秀撰稿人（但缺乏業界所需的專業），以及具備寫作能力的業界資深人士，但你無法與其共處一室，如果必須擇一，應該以人格特質為先。合作氣氛與個人直是難以改變的因素；做研究是可以學習的技能，但熱情卻不是如此。

招募行銷專家、撰稿人，或是攝影師，全都不是正確的方法，就連聘僱內容策略專家都不算正確……我認為，你應該先把重心放在了解你試圖用內容吸引的觀眾群，接著尋找了解觀眾群的專業人士，這些人的知識領域和專業可能與你的產品或產業類別不同，但卻比你還要了解目標觀眾群。（《品牌聯合》作者安德魯．戴維斯的訪談內容）

- **聘僱合適的廣告、新聞，或技術文件撰稿人。**既然你已經花費大量時間擬定策略和流程，更應該釐清自己究竟需要哪一類撰稿人。你必須理解，廣告撰稿人和新聞撰稿人的工作形式和職業敏感度大相逕庭。如果你希望僱人撰寫部落格文章，廣告撰稿人可能就不是最佳選擇；另一方面，如果你希望彙整完成的白皮書可以更具說服力、達到呼籲行動的效果，廣告撰稿人也許就是你需要的人才。

- **培養適切的商業合作關係。**你必須了解商業合作關係的要素，並且一一釐清；例如，你是否會每週推出一份內容，而你合作的撰稿人是否採每個月結算費用？如果是如此，那麼當一個月橫跨四個半星期時，你的應對之道為何？在當週額外發布一篇文章嗎？考量到企業的組織大小，你必須制定相應且明確的開出發票及支付款項期限，或是直接了解撰稿人的需求。此外，你也應該明定內容要求，因為以下情況可能會時不時出現：部落格文章的篇幅應該是七百五十字，卻突然暴增為一千字……或是內容主軸大幅離題等等。

你應該與自由撰稿人事先溝通的事項如下：

- 撰稿人計畫產出的內容為何，以及內容在內容行事曆上的排程（必須明確約定交出草稿的期限）。
- 產出內容應達到的目標（包含公司的目標以及觀眾群從中獲得的益處）。
- 撰稿人需要哪些專業協助，或是需要利用哪些第三方資訊（撰稿人是否打算訪談內部人士、引用外部資訊，或是改寫公司現有的內容素材）。
- 公司預算（件數計費、小時計費、聘用訂金，或是易貨交易）。
- 每份內容的修改次數。

目前市面上有不少出色的服務平台，可以協助你尋找合適的內容供應商，值得考慮的選項如下：

- Scripted
- Zerys
- upwork
- NewsCred

- Contently
- Writer Access

如果想了解內容市場中的選擇，需要詳細清單或是概述說明，可參考羅伯特·羅斯的完整報告：http://cmi.media/CI-collaboration。

預算因素

在過去的發行出版業，自由工作者的價碼是每字一美元。現在，高品質和特殊類型的內容仍然可以取得相同價碼，例如的研究報告及白皮書，至於文章類的內容，有些內容服務的最低價碼僅有一字五角。

切記：一分錢一分貨。CMI已經有十分成功的聘用金模式：與一位自由工作者長期合作製作幾份內容資產，並且月撥款付費。通常雙方都會很滿意這項安排，公司可以在一定限額內更輕鬆的使用預算，自由工作者也不需要計算字數。畢竟每份內容的篇幅只要適中即可，何必設定嚴格的限制？（明訂範圍即可。）

透過策展製作內容

BookBub專為使用者提供暢銷書的優惠或發行訊息，公司發現最佳的內容創作策略就是透過外部資源策展。Bookbub並沒有製作原創內容，而是利用現有書籍策展內容，並以電子報形式推出。這套策略效果顯著，目前Bookbub擁有數百萬名訂閱人，成為愛書消費者眼中最出色的資訊來源。

如有需要使用策展軟體，可以考慮Curata、PublishThis、Atomic Reach，和Percolate等服務。完整服務供應商清單請見CMI的內容策展工具組：http://cmi.media/CI-curation.

預先測試

既然人力市場上有如此大量的撰稿人才，就不必急於建立長期的合作關係，先請撰稿人創作幾篇故事作為測試，再觀察效果如何。試著自問：撰稿人的寫作風格是否達到你的要求？是否準時交稿？是否會主動在自己使用的社群網站分享創作內容？（這一點十分重要。）

如果撰稿人確實達到上述要求，雙方便可以開始長期合作。我見過太多行銷人員和發行人找到所謂的「大牌」自由工作者，卻在幾個月後宣告合作破局，雙方不歡而散。務必事先測試你想合作的對象，以免浪費時間。

嘗試搜刮出版頁

記得所謂的出版頁嗎？出版頁會記錄所有參與製作紙本雜誌的人員：作者、編輯，以及發行管理人。儘管現在出版頁較不常見，但並非完全絕跡，而且任何一則出版頁都可以對你的「內容創業模式」大有幫助，只是你必須知道正確的運用方式。

只要打開任何一本商情雜誌，或是瀏覽與你定位相同的網站，接著鎖定出版頁，這裡就是挖掘優秀撰稿人的金礦區。出版頁所記錄的作者（許多是特約形式）不僅熟悉你的顧客群，也能以出色技巧寫作實用且原創的內容。

出版頁除了列出撰稿人之外，也有編輯群名列其中，這些專業人士可以將尚未成形的內容，製作成引人入勝的故事。

出版頁也有為觀眾群提供資訊的功能，例如列出各種發行及出版職位，也就是提升發行量、培養觀眾群，以及增加訂閱數等等的負責人。〔注意：另一個獲得顧客人口資訊的可靠來源，就是出版品的媒體資料袋（media kit）。〕這些資訊有助於你鎖定目標訂閱人、培養雙方關係、最終讓消費者願意買單。

有設計需求？出版頁也是很實用的參考樣本。

此時就是最佳時機。許多媒體公司和發行商的商業模式並不理想，加薪越來越遙不可及，而這正好為你的事業開啟了一扇大門。

聘僱之前

CMI大多數的員工都是採用約聘制，他們希望工作時間彈性，也希望生活中有更多選擇，一週不一定會工作四十小時。而我們也發現，人力市場上有許多出色的人才，他們追求的也是這種彈性。

十五年前，我剛開始投入媒體事業時，公司會約聘充滿創意的設計師以及自由新聞撰稿人，而且這些人才來自世界各地。我們必須採取這種招募方式，才能找到最優質的人力資源，順利完成特定的專案。

許多企業主要求員工負責全部的內容工作，一點也不擔心員工為其他公司效力，這些企業主認為培養公司風氣才是重點。以上方法可能適用於部份企業，但媒體產業的菁英絕對想要更多機會。1099式*的合作關係適用於大多數的情形，以CMI而言，在幾次特殊狀況下，如果沒有這類彈性的聘僱方式，我們根本就無法招募到合適的人才。

「內容創業模式」觀點

- 以新創事業而言，大部分的內容職位只能由一至兩人完全負擔。不過隨著事業成長，你應該先完成較原則性的任務，再委外其餘工作，讓自己有時間專注在更有價值的活動上。

- 運用過去製作的內容完成內容策展，也許會是成功控制預算的關鍵。
- 檢視業界商情出版品的出版頁，就可以找到產業中最優秀的撰稿人與設計人才。
- 聘僱人才之前，請考慮先以約聘形式與自由撰稿人合作，如果合作後不盡人意，也不至於難以收拾。

* 1099為美國稅表編號，適用於獨立約聘人員。

第十二章
協同發行模式

一人的力量有限，集合眾人就有無限可能。

——海倫·凱勒

我和幾位交情頗深的朋友見面之後……決定問他們願不願意每個月寫一篇文章，寫到沒興趣為止。

於是我們五個朋友真的開始每個月寫一篇文章，接著有位志願者出現了……於是這位朋友開始成為我的免費編輯，她在幕後工作，負責把所有文章放上WordPress。

……我必須說，才剛開始幾週，這個計畫就一飛沖天，我們在兩個半月內，累積了一萬名電子郵件訂閱人。（麥可·施特茨納談創立社群媒體行銷教育網站「社群媒體考察家」，目前有三十五萬名以上的訂閱人。）

下列企業有什麼共同點：富比士、CMI、「社群媒體考察家」、Copyblogger Media、Moz、HubSpot、MarketingProfs、哈芬登郵報，以及Mashable？

這些企業都採用協同發行模式。除了擁有一組核心人馬，由企業聘僱的文字工作者及新聞撰稿人組成之外，這些品牌也會拓展自身的社群，嘗試招募和徵求相關領域的內容，再將內容登上公司的平台。

還有一點：這些企業都極為成功！

為何需要考量協同發行？

協同發行商業模式指的是，創業家或企業主動招募外界的撰稿人，合作打造平台並培養觀眾群。平台完成且有一定成果之後，企業會持續提供相同的合作機會，吸引思想領袖和社群專家加入，填補企業內容製作流程中的不足之處。

協同發行的好處之一，是補足你難以自行或聘用自由工作者經營的內容領域，除此之外，這套模式最大的優點，是能夠吸引新觀眾關注你的內容。撰稿人都各自擁有粉絲和訂閱人，而只要方法正確，你就可以把這群人變成你的觀眾。

許多傳統媒體公司只讓「受聘」人才有表現機會，並不鼓勵社群成員貢獻故事，而這正是你的大好機會。

二〇〇五年數名投資者創立網站《哈芬登郵報》，其中一位就是美國左派評論家亞利安娜·哈芬登（Arianna Huffington）。二〇一一年美國線上公司（AOL）以超過三億美元買下《哈芬登郵報》，而根據 Alexa.com 統計，《哈芬登郵報》現在已是全球百大熱門網站。

《哈芬登郵報》旗下有數百個以小眾為目標的網站，由來自全球數以千計的撰稿人免費發表內容，以換取發行內容的機會，這正是協同發行模式。當然，《哈芬登郵報》也有聘僱一些優秀的新聞撰稿人、文字工作者、內容製作人等，但讀者在網站上看到的大部份內容，都是由社群內的思想領袖和活躍成員製作而成。

合作流程

尋找適合協作模式的撰稿人有不少方法（第十六章說明「接收觀眾群」時會一一介紹），不過這套模式之所以能成功，合作流程和人才一樣重要。

首要之務是針對撰稿人設定嚴格的準則與要求，如果你沒有嚴加把關網站上的內容，絕對無法成為市場定位中的首要資訊專家。

以下是CMI發送給每一位候選合作撰稿人的電子郵件範本：

> Tim，很高興「見到」你！
>
> 你可以點選網址查看完整的部落格準則（http://cmi.media/CI-guidelines），不過方便起見，我

也在下文彙整出其中最重要的資訊。

公司的編輯宗旨是提供專業級觀點與最新資訊，協助讀者領先掌握內容行銷界的熱門話題，也幫助讀者提升相關能力、達到進一步的成果。以上述宗旨為原則，我們理想中的網站文章，應該要能解決B2B與B2C內容行銷人員的需求，這些讀者在大型組織中工作且經驗豐富，因此我們希望所有文章都符合以下的明確要求：

- 文章應以最先進的原則、技術、工具，以及流程為主，也就是內容行銷人員必須熟悉才能成功行銷的資訊。如果你希望參考我們的意見，我們很樂意提供實用資訊。
- 文章不應只提出廣泛的建議，而是概略介紹後，說明如何落實文章提到的重要建議。
- 文章應盡量運用有輔助效果的視覺呈現。強烈建議使用影片及其他視覺內容。
- 文章應適時提供讀者可利用的資訊或工具，例如範本、步驟清楚的流程指南，或是清單列表。
- 建議使用現實生活中的範例和／或樣本個案，詳細說明最佳實務典範，並且／或是示範如何落實各種建議。

公司的探討範圍涵蓋以下重要主題：

- 策略
- 營運、團隊、與工作流程
- 培養觀眾群
- 內容創作
- 視覺內容與設計
- 社群媒體
- 搜尋引擎最佳化
- 內容傳播與宣傳
- 指標與投資報酬率（ROI）
- 產業新聞與趨勢

如果你願意提供文章，麻煩請告知我大致的工作時程，以便關注後續進度。告知交稿日期之後，我並不會緊盯進度，而你也可以在需要時調整期限，我能理解計畫趕不上變化。如果你有任何問題，或是需要其他詳細資訊，歡迎隨時聯繫我們。非常期待與你合作！

祝你有順利的一週！

祝好
Lisa

如果想一探究竟完整的CMI發行流程，以及我們是如何執行協同發行模式，請參考附錄B。

撰稿人提示系統

固定與數名撰稿人合作後，整個流程可能會變得極度複雜，此時一定要與撰稿人保持順暢溝通。當有人詢問是否有機會在你的網站發表文章，你應該採取下列步驟：

- **電子郵件一**。確認收到撰稿人交出的內容，並告知對當整體流程的大略時程。
- **電子郵件二**。通知對方稿件獲採用或者遭退回。若是確認採用，通常會請撰稿人修改內文。
- **電子郵件三**。寄送文章預覽檔。文章定稿並且進入發行流程後，部落格編輯會寄送文章的預覽檔案，同時也會告知可能的發布日期，以及作者可以與其觀眾分享文章的方式。
- **電子郵件四**。向撰稿人轉告部落格留言。關於文章的第一則留言出現後，部落格編輯或社群媒體經理便會轉告作者，並且請作者參與回覆。

- **電子郵件五**。寄送熱門文章通知。如果文章的效果十分理想，你應該要告知作者並且保持聯絡，意謂這位撰稿人是可用之才。將來你可能會希望這位撰稿人再寫作另一篇文章，甚至是希望與他定期合作。

「內容創業模式」觀點

- 傳播管道架設完成後，你會需要創作內容的人力。儘管委外是最常見的選項，你還是可以考慮採用協同發行模式。
- 協同模式的成功關鍵是溝通，而在聯繫撰稿人之前，應該先建立固定流程。
- 有時候少即是多。協同發行流程剛起步時，不需要招募太多人才，應該著重於擴張計畫。

參考資料

"The Huffington Post," Wikipedia, accessed April 28, 2015, http://en.wikipedia .org/wiki/ The_Huffington_Post.

Top 500 global Websites by Traffic, Alexa.com, accessed April 28, 2015, http://www.alexa.com/topsites/global;3.

第十三章 內容重製計畫

改造舊有的想法、思想，或記憶，並賦予新的意義，同樣也是創造力的展現。

——史帝夫・薩波（Steve Supple）*

CMI策略執行長羅伯特・羅斯在每一次的菁英課程中，都會告訴行銷人員：「你們並不是在創作部落格文章、影片、或是白皮書……而是在說故事。而這則故事可以用各式各樣的方式表達，進而延伸你的內容行銷策略。」

每個對於內容的想法，就是一則你想要說的故事。如果你記得，故事可以、也應該以許多不同的方式表達，那麼你在這場競爭中已經佔有優勢。

二〇一三年秋天，我投入出版第三本書《史詩內容行銷》。在部落格時程（我一週發表一則原創內容）與演講時程（大約每週兩場）之間，我幾乎沒有多少時間，然而我需要在六個月內寫出六萬字的內容。

* 創意思考與生涯規劃專家。

於是我開始採用「從部落格到書籍」策略。我估計整本書約有二十五章，每章大約兩千字，並且要在未來六個月內完成，距離期限還有約二十五週。從此之後我每週寫一篇文章，並且發表在CMI網站或是LinkedIn，每篇文章都可以用於填補書籍目錄的不足之處，最後也成為書中部份內容。

最後，我如期在六個月內完成全書。僅僅是做足事前規劃，就幫助我成功執行了兩項內容創作任務。

大部分的企業完全沒有事先規劃如何重製內容，只是一心想著：「我需要一篇部落格文章或是一份白皮書。」這些公司的思考模式，明顯不同於前文羅伯特所提及的方法：一則故事的精神可以用多種方式呈現，端看企業所需要的內容類型。

個案分析：Jay Today

傑伊・貝爾推出一系列每集三分鐘的影片節目，並且命名為Jay Today，影片內容主要是傑伊對事業經營、社群媒體，以及行銷的想法。傑伊的「說服與轉換」公司團隊發表了不少內容，類型橫跨部落格每日文章、研究報告、Podcasts等等，不過根據傑伊的說法：「Jay Today系列影片是當中表現最亮眼的內容……也已被視為將來需要細分內容時的計畫中樞。」

三分鐘的影片是如何成為一個發行王國的主要作品？因為每一集Jay Today影片都結合了至少八種不同的實用內容。

每集節目完工後，「說服與轉換」公司會將影片上傳至五種平台：

- "Jay Baer"YouTube頻道
- iTunes的影音Podcast
- iTunes的音檔Podcast
- 公司官方網站
- 公司Facebook粉絲頁

公司也會利用Speechpad服務，製作每集影片的逐字稿，每分鐘的音檔轉換為文字檔需花費一美元。

不僅如此，傑伊甚至開始自動化製作流程，他如此解釋：「已經製作成逐字稿的每一集Jay Today，都會由我和工作團隊以三種形式，重新制定標題及製作內容。接著在LinkedIn、Medium以及公司官網，上傳影片和寫作版本的內容，也就是部落格文章的形式。同時我也會從上週影片挑出最熱門的一集，在每週三改寫。」

總而言之，傑伊的一集影片總長不過三分鐘，就可以製作成各種形式：

- YouTube影片
- 公司Facebook粉絲頁的影片

- iTunes 內容
- iTunes 影音內容
- 公司官網的內容
- 部落格文章（每週一篇）
- LinkedIn 內容
- Medium 內容
- google+ 內容
- 二至三則 Twitter 推文（tweet）
- 二則 LinkedIn 分享內容

傑伊所做的一切都十分單純，而他與一般企業的差異就在於有無事先規劃：傑伊每一次的內容創作，背後都有明確目標。

下一次當你開始構思部落格文章或影片時，一定要記得糾正自己……你的目標是說一則精彩的故事，而下一步是思考各種說故事的方法。

如何透過重製善用「內容創業模式」

亞尼・庫恩(Arnie Kuenn),Vertical Measures 執行長以及《內容行銷工作》(*Content Marketing Works*)作者認為內容行銷製作新的內容並不容易,首先要構思想法,接著要研究內容主題才能創作並宣傳。通常這套流程需要不少人力:廣告撰稿人、設計師、搜尋引擎最佳化專家、社群媒體行銷人員等等,導致內容行銷成為一大筆投資支出。不過好消息是,優質內容可以經由重製化為全新且截然不同的成品,使你的投資成果得以持續累積。

內容重製的優點

內容重製指的是,透過轉換內容的觀點或形式,將既有內容改編得耳目一新。重製成為行銷策略的一環之後,可有效降低成本、改善產量、提升觀眾觸及率,更能夠帶來各式各樣的其他益處,例如:

- **單一概念延伸應用於不同的內容**。舉例來說,熱門部落格文章這個主題,可以製作成投影片、影片、免費資訊指南、白皮書、Podcast 等等……大致上就是如此。你針對單一原創內容所進行的研究,可以經由重製再次應用於其他的內容專案。

- **大幅減少內容創作時間**。既有內容的特定元素如圖片、引文，或是文字，經過建檔或策展之後，便可以用於新作品之中。
- **服務不同類型的觀眾群**。有些人適合用視覺吸收新知，有些人則偏好閱讀文件；此外，有人喜歡研讀深度研究的文章，有人則追求用快速瀏覽部落格的方式吸收資訊。而只要透過內容重製，就能夠吸引不同內容偏好的觀眾群。例如，製作出一則出色的影片內容之後，影片逐字稿可以作為基礎素材，重製成部落格文章或供下載的PDF檔案等文字版內容。相同的道理，統計數據、事實、數字都可以透過資料視覺化的方式呈現，重製為資訊圖表或常見圖表。
- **交叉宣傳（Cross-promoting）內容**。經過重製之後，你的優質內容可以發表於各種傳播管道，達到交叉宣傳的效果。舉例來說，你可以在YouTube的影片資訊欄提供連結，連至相同主題的部落格文章、投影片，以及資訊圖表，此舉可以帶動網站或部落格的流量。而且這股目標流量有助於塑造品牌，也能夠提高吸引訂閱人的機率。
- **延長內容壽命**。市場的每日內容發行量如此之大，讀者容易時不時就錯過一則部落格文章或影片。不過，內容經過重製之後，你的觀眾群就有機會在不同的管道看見修改後的版本。此外，重製歷久不衰的內容，更可以延長內容生命週期，畢竟這份內容在未來數年可能都不會過時。

內容重製流程

在內容創作初期就開始擬定重製計畫，有助於提高腦力激盪和內容生產的效率，同時也可以確保重製流程順暢，與其他內容成品相輔相成。

請確實了解下列四個步驟：

1. 選擇一則故事，接著開始思考故事可以用哪些形式呈現。在初步階段，一定要試著思考如何將單一主題改編為不同的內容類別。舉例來說，如果你的事業是經營太陽眼鏡店，行銷主題可能是「二〇一六年太陽眼鏡潮流趨勢」，雖然較為廣泛，還是可以作為許多內容專案的焦點。

2. 確定概括性的主題之後，思考如何改編主題並應用於不同的內容類別，目標是盡可能吸引多種類型的觀眾群。以太陽眼鏡流行趨勢為例，你可以製作的內容類型可能如下：

- 部落格文章，主題是二〇一六年女性或男性太陽眼鏡的流行趨勢
- 資料圖表，呈現將在二〇一六年大為流行的太陽眼鏡款式
- 影片，訪問公司內部專家，討論二〇一六年的太陽眼鏡流行趨勢
- 投影片，展示二〇一六年熱門太陽眼鏡款式的圖片與解說

• 電子書，說明如何從二〇一六年熱門太陽眼鏡款式中，選擇適合個人臉型與風格的太陽眼鏡

以上步驟都只是起步階段而已。以「二〇一六年太陽眼鏡潮流趨勢」這種廣泛的主題為例，很容易就能體會到，只要深入研究一個概念，便可以製作出不同類別的內容。儘管每一份內容的觀點都不同，改編方式也因為目標觀眾群不同而有差異，核心主題依舊相同。

3. **根據核心主題列出可製作的內容類型之後，開始投入研究，並且以第一份主題內容為出發點。**你應該從最適合改編的內容類別著手，如果你最先製作投影片，可以輕易將內容重製成資訊圖標嗎？影片的逐字稿可以改寫成部落格文章嗎？製作第一份內容需要花費最多心力，因為必須完成大量的研究與開發工作，不過針對第一份內容的研究一旦完成，你就能夠無後顧之憂的運用研究發現，在未來製作出其他類型的內容。

4. **第一份內容完工之後，試著利用你的研究發現和內容的其他元素，創作出新的內容作品。**也許在重製過程中，你會需要針對特定問題深入研究，不過大部分的棘手工作都已處理完畢。

主要內容類別

在內容重製的專案中，可選擇製作許多不同的內容類別，相同的概念則可以應用於各式各樣的媒體。

可製作的內容類別如下：

- **部落格文章**。任何一個可以用於製作內容的想法，至少都應該以一篇部落格文章的形式呈現。大部分的「內容創業模式」都是透過部落格壯大，這並非偶然——經營部落格的小型事業相較於沒有經營部落格者，潛在客戶（訂閱人）多出百分之一百二十六。創作內容時，部落格文章是很理想的出發點，尤其當你的部落格表現活躍、有不少觀眾群參與其中時，更是如此。你可以觀察讀者對核心主題的迴響，也可能因為觀眾群的參與而有靈感，知道如何讓這個主題持續發揮影響力。
- **電子書與免費指南**。你可以彙整相同主題之下的所有部落格文章，再製作成電子書和免費指南，也可以額外加上一些元素，例如目錄、圖片、更深入的研究結果、索引等等。電子書及免費指南通常比部落格文章更巨細靡遺，向來被視為高價值的內容，而發表高價值內容時，你或許有機會以內容換取讀者資訊。例如，讀者只要訂閱你的電子報，就可以免費閱讀你推出的電子書；或是讀者輸入訪客基本聯絡資料後，可以獲得免費指南。

- **影片**。和一般大眾的想法恰好相反，其實不一定要有專業的錄影工作室，才能製作吸引人的影片。智慧型手機或是一般的攜帶型數位相機就可以錄製出有趣的影片，很適合用於內容重製。構思影片時，你可以考慮訪問員工或是業界專家，也可以從核心主題的特定角度切入，製作一則幽默短片。別忘了，製作影片未必需要錄製真人影像，動態圖表加上旁白音檔也是一種方法。
- **資訊圖表**。資訊圖表的最大功能是展示資料、流程，以及視覺內容，適合用於以分解步驟說明特定主題、以生動的方式呈現資料，或是以圖表說故事。如果特定主題很適合以視覺內容呈現，製作資訊圖表就是最佳選擇。
- **投影片**。投影片早已不再是演講報告的輔助工具。製作投影片時，你必須發揮簡化想法的能力，畢竟充滿文字的投影片實在不太理想。偏好長篇文字的讀者，會選擇閱讀部落格文章或是免費指南，而投影片有圖片輔助、文字敘述偏短，適合仰賴視覺吸收新知的讀者。

內容的最大效益

簡而言之，內容重製是非常有效率的做法，你所製作的優質內容可以因此發揮最大效益。

只需要一個核心概念，便能衍生出大量的內容作品，而每一類內容都分別以不同方式吸引不同的觀眾群。重製的流程可以為你省下時間與金錢，你在初期為內容行銷所作的投資，也能持續發揮作用，你的投資更因此成為極為成功的策略。

最終提醒

切記，以不同方式重製同一份內容，並不等同於複製內容，你訴說的每一則故事，都應該有獨一無二之處。換言之，假設你想要利用相同的內容資產，分別製作成部落格文章、Facebook貼文、或是YouTube影片，每一則故事都必須以不同的方式呈現，《大家都能寫出好文章》作者安．漢德利稱之為「重新包裝」（reimagining）內容。

最糟糕的行銷方式，就是把相同內容像垃圾郵件一樣散布至所有傳播管道，這種方法絕對不管用。你必須先了解不同觀眾群使用的各種管道，再以此為標準改編故事。

「內容創業模式」觀點

- 多數企業都沒有事前規劃內容重製的方法……而是在內容創作完成之後，才開始思考如何重製內容。聰明的企業則會事先計畫如何運用內容資產。
- 切記，你的目標是訴說故事，而這則故事可以用許多形式呈現。
- 重製的意義在於，重製後的每一份內容資產 都有其特殊之處。

參考資料

David Gould, "Content Repurposing: How to Lower Marketing Costs and Expand Audience Reach," VerticalMeasures.com, accessed April 28, 2015, http://www.verticalmeasures.com/content-marketing-2/content-repurposing-how-to-lower-marketing-costs-and-expand-audience-reach/.

Mike McGrail, "The Blogconomy: Blogging Stats [Infographic]," socialmedia today.com, accessed April 28, 2015, http://www.socialmediatoday.com/content/blogconomy-blogging-stats-infographic.

Jay Baer, "How to Make 8 Pieces of Content from 1 Piece of Content," convince andconvert.com, accessed April 28, 2015, http://www.convinceandconvert .com/content-marketing/how-to-make-8-pieces-of-content-from-1-piece-of-content/.

第五部　收成觀眾群

想成就大事，唯有從小事做起，才能有效縮短兩者距離。

——————————丹尼・埃尼（Danny Iny）

選擇內容平台，並且針對目標觀眾規劃合適的內容與發行時程之後，下一步是建立完備的系統，為公司培養出極具價值的訂閱者群。

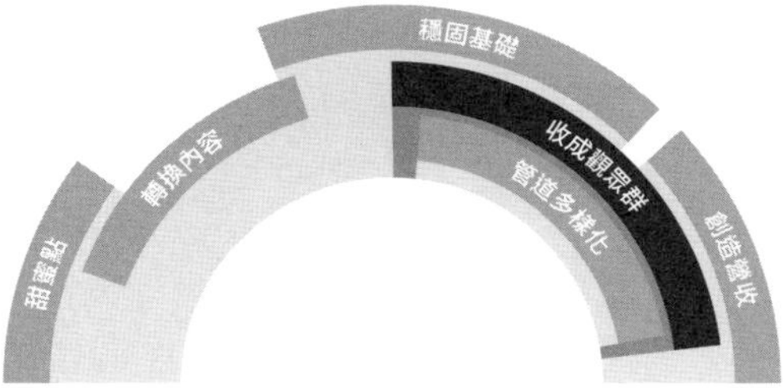

第十四章
驅動模式的指標

我誤解了戲劇效果的定義，以為演員落淚就是戲劇效果；其實觀眾落淚才是真正的戲劇效果。

——法蘭克・卡普拉（Frank Capra）*

二〇一二年Facebook首次公開募股後，股價下跌超過五成，跌至每股淨值低於二十美元。在此之後，Facebook的市值又飆升四倍以上。據商業雜誌*Fast Company*的一篇文章指出，市值飆升的主因是Facebook修正了管理與績效制度。

Facebook股價積弱不振的時期，公司內的廣告團隊主要負責創造營收，產品團隊則將重心放在使用者參與度。如此成效不彰、明顯缺乏團隊合作的情形持續數個月之後，Facebook決定用單一指標衡量員工的績效並予以獎勵：營收。有一方認為：「Facebook內部會催生出更多想法，比以前更出色、更有創意、也更多元。」

* 義大利裔美國導演，曾多次獲頒奧斯卡獎項。

不可思議的是，這項改革真的發揮效果了。同年十一月，Facebook推出應用程式廣告的服務，這正是廣告團隊和產品團隊的合作成果，這項服務成功扭轉戰局，為Facebook創造超過十億美金的營收。

以一領眾

至尊戒，馭眾戒；至尊戒，尋眾戒。魔戒至尊引眾戒，禁錮眾戒黑暗中。

——J・R・R・托爾金，《魔戒》

正如Facebook選擇將唯一的焦點放在營收，你也應該將焦點放在唯一且明確的指標之上：訂閱人數。夜晚入睡前，你該思考的是如何吸引訂閱人；早晨清醒後，烙印在腦中也應該是訂閱人一詞。唯有長期培養忠實觀眾成為訂閱人，「內容創業模式」才有成功的機會，如此而已。

《品牌聯合》的作者安德魯・戴維斯指出：「專注於建立訂閱人資料庫，就等同於建立顧客資料庫，只是現在訂閱人還尚為成為真正會消費的顧客。」

就像訂閱Netflix或訂閱報紙一樣，你的目標是透過內容傳遞極為實用的價值，讓觀眾願意用部份個人資訊換取（電子郵件地址、住家地址等等）。你的事業和Netflix只有一點不同之處：你提供免費內容，而此舉是為了在後期利用顧客關係創造營收。

膠帶行銷術（Duct Tape Marketing）創辦人約翰・詹區（John Jantsch）也同樣採用「內容創業模

式」，並應用於經營社群部落格以及出版系列書籍，打造出價值數百萬的顧問諮詢事業。約翰恍然大悟的關鍵時刻，就出現在二〇〇〇年代早期，當時他開始在網站加上「訪客簿登錄」欄位。約翰不僅觀察網站流量的分析數據，更著手建立訂閱人資料庫，而正是這些訂閱人構成他的顧問事業人脈網，讓約翰得以在創業過程中，打造出價值數百萬的平台。

《今夜秀》（The Tonight Show）*主持人吉米．法倫幾乎已經是媒體界的訂閱數之王。每集節目播出後，製作單位會把數則不同的節目片段（請見第十三章關於內容重製的說明）分享至社群媒體，目的就是提升（你猜的沒錯）訂閱人數。在每一則影片的結尾，吉米．法倫會以各種幽默的方式，提醒觀眾訂閱頻道（圖14.1）。

吉米．法倫的每一則YouTube影片，都會在下方的資訊欄提供《今夜秀》以及NBC電視台的各種訂閱連結：

立即訂閱吉米．法倫《今夜秀》：

http://bit.ly/1nwT1aN

吉米．法倫《今夜秀》平日晚間播出時間

* 譯註：台灣電視台將此節目重新命名為《吉米A咖秀》，但在網路上大家習慣稱為《今夜秀》。

圖 14.1　新一代「今夜秀之王」吉米・法倫，十分注重提升數位訂閱人數。

11:35／美中時間 10:35

關注吉米・法倫：

追蹤 Twitter：http://Twitter.com/JimmyFallon

加入粉絲團：https://Facebook.com/Jimmy Fallon

關注吉米・法倫《今夜秀》：

追蹤 Twitter：http://Twitter.com/FallonTonight

加入粉絲團：https://Facebook.com/Fallon Tonight

《今夜秀》Tumblr：http://fallontonight.tumblr.com/

關注 NBC：

YouTube 頻道：http://bit.ly/1dM1qBH

加入粉絲團：http://Facebook.com/NBC

追蹤 Twitter：http://Twitter.com/NBC

Tumblr ∴ http://nbctv.tumblr.com/

Google+ ∴ https://plus.google.com/+NBC/posts

世界拼布之都

引用自安德魯・戴維斯的 Podcast 節目《宣告你的名聲》（Claim Your Fame）

如果你對拼布沒什麼興趣，可能從來沒聽過密蘇里州的漢彌爾頓鎮（Hamilton）——世界拼布之都。漢彌爾頓之所以有這個稱號，要歸功於一位務實又親切的拼布店主，以及她的客製化YouTube拼布教學影片。珍妮・都安（Jenny Doan）是Missouri Star Quilt Co.的共同創辦人，這是一間位在漢彌爾頓的拼布店，供應號稱全球最多的預裁布料種類。

二〇〇八年，漢彌爾頓受經濟危機拖累一蹶不振。住在當地的珍妮以及榮恩・都安（Ron Doan），長期依靠榮恩在「堪薩斯城市之星」（Kansas City Star）報社擔任技師的薪水，扶養七個小孩長大。當時許多居民面臨失業，珍妮和榮恩的孩子也開始擔心父母的經濟狀況。珍妮為了避免無事可做，開始為親友縫製拼布，儘管她平時也會組合布料縫製出美麗的拼布作品，珍妮還是需要人手幫忙用長臂縫紉機加上鋪棉——也就是拼布的填充物。拼布的需求量實在太大，導致珍妮可能需要花上九個月至一年縫合已鋪棉的布料，此時，珍妮的兒子艾爾萌生了一個想法。

艾爾和姊妹莎拉共同投資兩萬四千美元，購入一台長臂縫紉機、十二捲布料，以及一間位在漢彌爾頓的建築作為營運場所。都安一家人花費兩年經營這項事業，卻一毛錢也沒有帶回家。在一個僅有一千八百人的小鎮，讓事業有所成長並不容易，於是艾爾決定架設網站。不過就如我們所知，就算架設網站，也不一定有關眾。

都安一家人知道，有特色才能吸引網站訪客和提升線上銷售率，於是艾爾建議珍妮在YouTube推出拼布教學影片。珍妮在鏡頭前展現出自然又迷人的個性，加上艾爾純熟的幕後製作能力，Missouri Star Quilt Co. 的 YouTube 頻道就此開播（請見圖 14.2）。

頻道在第一年吸引了一千名訂閱人，第二年增加至一萬名，現在的訂閱人數更是逼近二十五萬大關。珍妮的影片觀看次數最多曾達到五十萬次，而這些影片成功將流量帶至官方網站，創造平均每日兩千筆交易的銷售量，讓 Missouri Star Quilt Co. 成為全球最大的預裁布料供應商。珍妮會收到來自世界各地表達支持的電子郵件，從飽受戰爭之苦的伊朗、到南非、到整個美國，珍大受各地的粉絲歡迎。

雖然故事到此為止已經十分精彩，Missouri Star Quilt Co. 的成功並未就此打住。隨著公司持續成長，對員工的需求也持續增加，目前，珍妮一家人在漢彌爾頓有一百二十名員工。此外，他們也投資另外三項事業：兩間當地餐廳以及一間烘焙坊。Missouri Star Quilt Co. 在零售店的倉庫展示共兩萬捲布料，還在漢彌爾頓的主要街道上開設五間布料店，甚至經營一間結合「縫紉與住宿」的渡假中心。今年年底，Missouri Star Quilt Co. 的拼布王國將會增加八間布料店面。

都安一家人未必知道公司之後的發展方向，他們只是全心製作最優質的拼布，為顧客提供最好的產品。在他們生產一塊塊拼布的同時，他們改變了許多人的人生，也重建了一座小鎮。

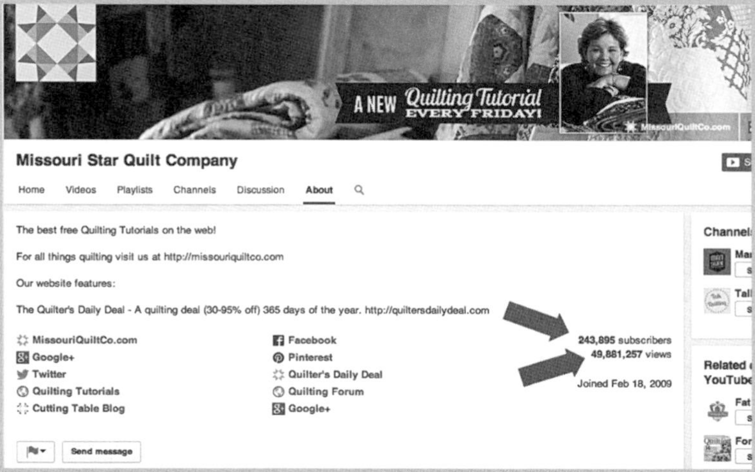

圖 14.2　自二〇〇九年起，Missouri Star Quilt 公司所累積的訂閱人數超過二十萬。

訂閱人重要性排序

我們在第八章討論過，你的目標就是累積內容資產，但要在你握有最多控管權的平台。相同的道理也適用於你所吸引的訂閱人類型，儘管擁有任何形式的支持者、粉絲、訂閱人都是好事一件，他們卻未必等同於價值。

舉例來說，假設你選擇在Facebook建立內容平台，長期以來，你已經透過平台吸引五萬名粉絲。二〇一四年十一月，Facebook大幅更動平台制度，目的是隱藏粉絲專頁中的特定文章，例如：

- 單純向讀者強迫推銷產品或安裝應用程式的貼文
- 無緣無故強迫讀者參與促銷和抽獎活動的貼文
- 與廣告內容完全相同的貼文

儘管此舉是Facebook商業模式下的合理做法，但也意謂著Facebook有權隱藏特定貼文。Facebook專家瑪莉．史密斯（Mari Smith）近期就指出：「重點在於，大多數的粉絲專業再也無法仰賴自然觸及率，因此無法透過Facebook獲得顯著的商業成果。你必要構思出有一致性的內容策略……才能為網站提升流量，並且利用廣告建立電子郵件清單。」

有些企業經歷過Facebook貼文自然觸及率跌落至百分之一或更少的狀況，但另一方面，克里夫蘭醫學中心前內容行銷總監史考特・萊納巴格（Scott Linabarger）表示，有些醫院發表的文章，在Facebook自然觸及率高達百分之六十。其實這些都並非重點，你當然應該盡量善用Facebook，但你也必須理解，有權控制最終觸及率的一方是Facebook，而不是你。

在分析數位足跡和培養觀眾群的過程中，你必須把重心放在訂閱人排序的最高點（圖14.3）。簡而言之，這個排序是以你可以控管訂閱人的程度由高至低列出。

- **電子郵件**。控管程度最高也最易於使用，極為實用且有價值的電子郵件內容，可以幫助你

圖14.3　各類訂閱人的重要性並不相同，如果可以自由選擇，電子郵件訂閱人終究會是最具價值的選項，因為可控管的程度最高。

在競爭者中脫穎而出。

- **紙本出版品訂閱人**。控管程度出奇的高，但無法即時溝通，也較難取得回饋意見。印刷及郵寄費用導致支出龐大。
- **LinkedIn人脈**。可完全控管發送給追蹤者或人脈的內容，但管道本身已十分飽和，所以透過長期發送訊息可能較難有所突破。
- **Twitter粉絲**。可完全控管發送給粉絲的內容，但一則訊息的壽命只有八秒鐘，可能會難以定期與觀眾群接觸。
- **iTunes訂閱人**。可完全控管推出的音檔內容，但iTunes不公開訂閱人資料。
- **Medium／Tumblr／Instagram／Pinterest訂閱人**。可完全控管推出的內容，只要使用者願意，就可以看見你提供的內容，但平台的最終控制權不在你手中。
- **Youtube訂閱人**。可以控管部份內容，然而如果訂閱人與你的內容互動不足，Youtube可以選擇向訂閱人減少播放你的內容（稱之為「訂閱人損害」（subscriber burn））。
- **Facebook粉絲**。Facebook經常修改演算法，這就是你控制範圍之外的因素。雖然優質、實用，且有趣的內容，觸及率可能會較高，粉絲是否會看見你的內容還是取決於演算法。一般的推銷型內容幾乎都會遭到Facebook屏蔽。

儘管特定的訂閱形式可以提高你的控管程度，但正如Yext行銷執行長及Audience作者傑夫·羅爾斯（Jeff Rohrs）斷言，並沒有任何一間企業可以「擁有」其觀眾群：「觀眾之所以分散各處，就是因為觀眾群並不是所有物。無論是大型電視網、流行巨星，或是有瘋狂支持者的職業運動隊伍，都無法完全擁有觀眾群。觀眾隨時可以選擇拋下一切離開，在心態或現實層面都是如此。」

這正是為何無論你選擇利用哪一種訂閱形式，出色、實用、且有意義的內容，才是唯一能長期連結我們與觀眾的關鍵。

電子郵件服務不可或缺

不論你是YouTube名人或泳池清潔工，都必須透過電子郵件內容吸引訂閱人。BuzzFeed是新興的媒體娛樂與新聞網站，主要是透過Facebook與Twitter的社群分享崛起。儘管Facebook和Twitter的訂閱人對BuzzFeed也十分重要，BuzzFeed仍在網站的每個頁面推薦訂閱每日電子報，目的是累積電子郵件訂閱人（圖14.4）。

同樣的，商業雜誌*Fast Company*也在每篇文章底部，以巧妙的方式呼籲讀者訂閱每日電子報（圖14.5）。

接著要討論的是「內容創業模式」範例：約翰・李・杜馬斯創辦的EntrepreneurOnFire.com。約翰的主要訂閱管道是iTunes，由於他的主要傳播平台包含音檔Podcast，這是十分合理的選擇。不過只要一進入約翰的網站，第一眼看見的文字就是呼籲訪客訂閱電子郵件內容（圖14.6）。

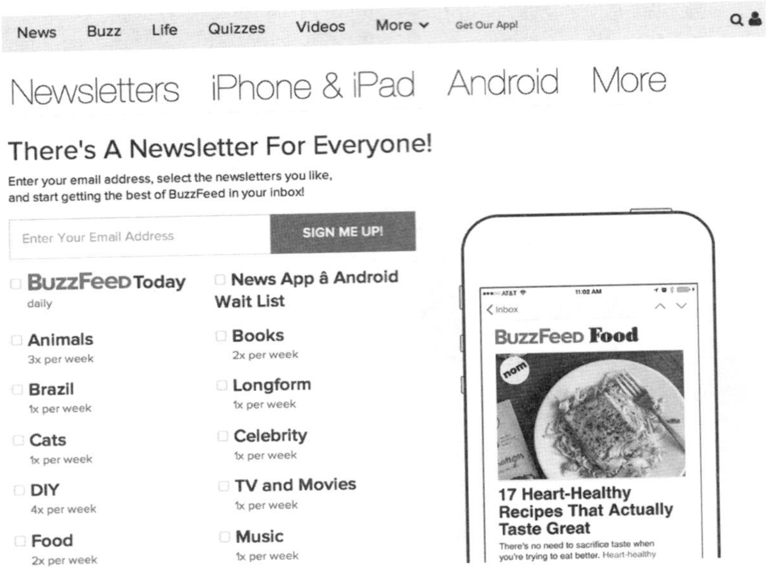

圖 14.4　即使是 BuzzFeed.com 如此熱門的社群媒體網站，仍然十分重視電子郵件訂閱人。

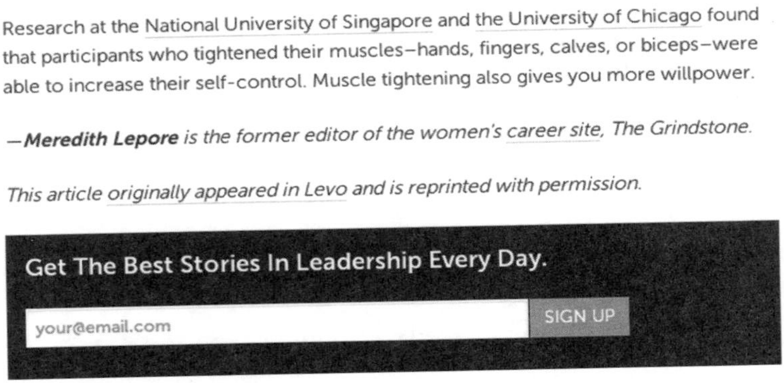

圖 14.5　FastCompany.com 的每一篇文章底部，都有呼籲讀者訂閱每日電子報的文字。

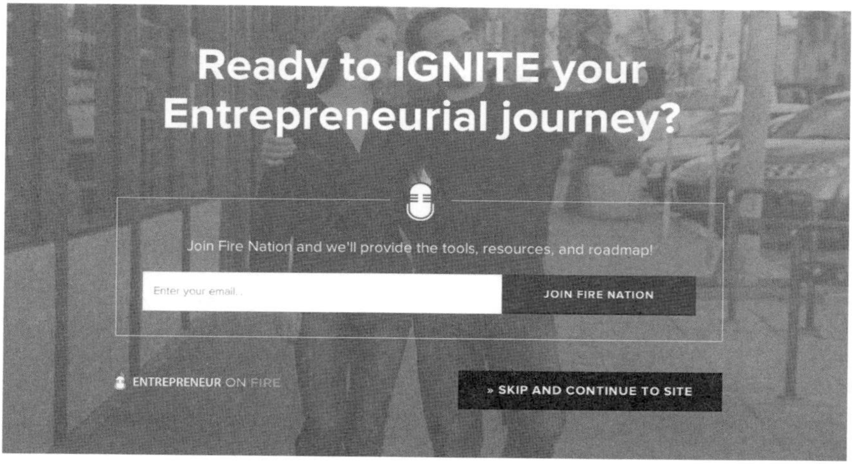

圖14.6 EntrepreneurOnFire.com 會以全幅頁面邀請第一次進入的訪客輸入電子郵件地址，藉此累積電子郵件訂閱人數。

行銷自動化

如前文所述，電子郵件技術是建立觀眾資料庫的重要一環，當你進入更高階步驟，開始考慮製作培養潛在客戶和忠實顧客的內容時，會需要一套更完善的系統：行銷自動化技術。

在你選擇利用任何一種自動化技術前，務必先確認自己真的需要。企業多半在投資行銷自動化技術不久後發現，內部並沒有足夠的人力資源和投資經費，無法維護自動化平台。在準備充分的情況下，你可以考慮利用Act-On Software、Marketo、Oracle Eloqua、Percolate、Pardot（屬於Salesforce.com旗下）、HubSpot，以及Infusionsoft。

運用內容型策略的過程中，你必須利用電子郵件提供服務，內容可以是下列類型：

- 每日電子報，內容改編自你的原創部落格
- 每日電子報，策展網路上最優質的資訊
- 每週電子報或每週報告，提供業界獨到觀點
- 每月報告，與觀眾分享新鮮有趣的想法

吸引訂閱人的訣竅

試著回想上一次在社群媒體點開文章的情形，連結會帶你回到文章發表的網站，如果和大部分的網站設計很相似，網站的「召喚行動文案」應該會著墨在產品，也許是產品型錄？又也許是新產品上市消息？

應用「內容創業模式」時，我們所發表的每一份內容，都應該要將讀者導向另一份可以訂閱的內容（電子郵件內容）。以CMI而言，累積訂閱數最有效的方法是彈出式視窗（pop-over／pop-up），我們利用的工具是Pippity（圖14.7）。

以前彈出式視窗會進入網站十五秒之後出現，或是會在使用者首次造訪網站，進入第二個

頁面時跳出。近期，我們修正了彈出式視窗的模式，原因就是下列測試的結果；目前彈出式視窗會在使用者離開網站時出現。以下為測試結果：

標準彈出式視窗

測試日期：2/1–2/15

曝光次數：11,486

轉換次數：356

轉換率：3.10%

離站彈出式視窗

測試日期：2/16–3/3

曝光次數：41,683

轉換次數：914

轉換率：2.19%

雖然離站彈出式視窗的轉換率較低，我們還是決定採用這個形式，因為轉換次數增加許多（轉

圖14.7　CMI利用套裝軟體Pippity製作彈出式視窗，藉此累積電子郵件訂閱數。

換次數成長超過百分之百)。你也應該用這種方式進行測試。

其他可以提升訂閱數的機會包含:

- 在初期,只需要請使用者提供電子郵件地址,或是提供姓名及電子郵件地址即可。一開始就要求使用者提供過多資訊,會導致你難以累積訂閱人數。
- 透過網站及社群平台建議觀眾訂閱你的內容。
- 將訂閱連結放在電子郵件簽名檔的頁尾,全公司都應如此。
- 善用SlideShare Pro,你可以在此上傳Power Point格式的投影片,有人下載這份簡報時,你就可以取得下載者的電子郵件名稱(訂閱數)。*

你必須讓全數員工和約聘合作對象了解公司的主要指標,所以請經常提醒他們。以下是一封發送給CMI全體員工的短信範本,內容是公司目標以及本週應完成的事項(這份短信出自CMI的內容部副理蜜雪兒.林恩之手)。

大家好:

我在週五曾簡短提到,編輯團隊正在試圖讓工作目標更加明確,我們的兩大目標如下:

目標一：建立電子郵件地址清單

目標二：讓訂閱人認識更多CMI產品。（訂閱人認識越多產品，就越有可能參加我們的活動並消費。）

注意事項：

1. 我們希望提升以下三個平台的訂閱數，因為可以蒐集到電子郵件地址以外的訂閱人資訊，有助於行銷團隊建立訂閱人資料庫：

- Chief Content Officer雜誌
- 網路研討會
- SlideShare*

* SlideShare是LinkedIn旗下平台。

** 當使用者透過SlideShare下載我們提供的PDF檔案，就等同於訂閱我們的每週電子報。

2. 我們的網站有兩種主要的門控內容，用於吸引訂閱人：

- 經過彙整的內容行銷策略電子書：http://cmi.media/CI-documented
- 影響力行銷電子書及工具組：http://cmi.media/CI-distribution

3. 我們挑選出轉換次數最高的幾篇文章，還有一些流量少、轉換率卻較高的文章，接著將讀者引導至這些內容。之後我們會每週寄一份文章清單給各位，方便各位將文章分享在社群網站上。

一如往常，如果各位對以上內容有任何問題，或是對如何更廣為流傳這四類內容有想法，歡迎隨時聯絡我。

「內容創業模式」觀點

- 沒有觀眾群，「內容創業模式」就無法成功。
- 雖然衡量活躍程度的指標也可以用於判斷內容成功與否，你的終極目標仍是吸引和留住觀眾，極度專注於這一點會讓你的事業完全不同。

- 培養觀眾群的方法不少，但並不是所有的訂閱人都一樣重要。如果可以自由選擇，電子郵件訂閱人絕對是首選。
- 網站流量和社群媒體分享次數很重要，但如果你沒有培養出觀眾群，這些指標都可能都沒有意義。你所關注的指標，應該要有助於累積會主動訂閱的觀眾群。

參考資料

Austin Carr, "Facebook's Plan to Own Your Phone," FastCompany.com, accessed April 28, 2015, http://www.fastcompany.com/3031237/facebook-everywhere.

Facebook for Business, "An Update to News Feed: What It Means for Business," Facebook.com, accessed April 28, 2015, https://www.facebook.com/ business/news/update-to-facebook-news-feed.

Mari Smith, Facebook status update, Facebook.com, January 3, 2015, https://www.facebook.com/marismith/posts/10152509018550009.

Jeffrey K. Rohrs, "The Proprietary Audience," October 25, 2013, accessed April 28, 2015, http://www.exacttarget.com/blog/the-proprietary-audience-aka-no-audience-is-owned/.

第十五章 提升尋獲度

真正的快樂源於探索，而非了解。

——以撒・艾西莫夫（Isaac Asimov）*

首屈一指的Google搜尋專家麥特・克特斯（Matt Cutts）近期表示：「我堅信接觸觀眾的方式應該要多元。所以相較於單單仰賴Google，比較有利的方法會是經營各式各樣的管道，你可以透過這些管道接觸群眾，並且將流量引導至你的網站，你也可以藉此達成任何目標。」

根據CMI與MarketingProfs合作執行的二〇一五內容行銷指標研究，史無前例，有越來越多行銷人員將重心放在內容行銷，為什麼？大大小小的企業投入大量資金製作內容，卻發現無人關注這些內容。如果沒有明確的內容尋獲度（Findability）策略，你就只是持續毫無計畫的製作內容。

搜尋引擎最佳化

* 著名科幻小說與科普書籍作家。

內容得以出現在搜尋引擎結果，就是內容尋獲度的巔峰。據網站管理公司Conductor指出，將近一半的網站流量都是源於自然搜尋（organic search），也就是非付費搜尋結果。

「內容創業模式」成功的要件之一，就是時時專注於搜尋引擎最佳化（SEO）。長期以來，CMI員工都認為，如果能夠理解搜尋引擎最佳化的原則，並且依此創作出有價值、可分享的內容，這些內容就能夠出現在自然搜尋的結果排名。儘管CMI網站的大部分流量皆源自搜尋引擎，但是當我們在近年更嚴謹的執行搜尋引擎最佳化之後，不僅CMI出現在搜尋結果的次數達到雙倍，整體事業也在過程中成長雙倍。除此之外，大多數新的訂閱人都是來自搜尋引擎，而不是其他資訊來源。顯然，搜尋引擎最佳化足以影響CMI的興衰。

關鍵字「鎖定清單」

CMI每個月會重新檢視一次公司的五十大關鍵詞組「完整清單」（例如「內容行銷」或「如何進行內容策展」等）。我們會觀察每項詞組的Google搜尋結果中CMI的排名，並且比較自己與競爭者的表現，接著判斷CMI從前一個月至目前的結果排名趨勢（進步或退步？）（請見圖15.1）。

我們也會觀察搜尋結果的歷史記錄，藉此追蹤工作團隊針對重要關鍵字的工作成效如何（請見圖15.2）。

我們的目標是透過每一個內容頁面提升訂閱人數，CMI員工把所有網頁都視為登陸頁面

(landing page)，並且觀察流量最高的頁面，藉此擬定策略提升特定網頁的流量，同時也提升讀者成為訂閱人的轉換率(圖15.3)。

那麼我們要如何針對這個概念擬定策略？以下，CMI搜尋引擎最佳化專家麥可·莫瑞(Mike Murray)會解釋如何整合搜尋及「內容創業模式」。

如果你的網站流量有半數都是源於自然搜尋，另一半的流量來自何處？你可以考慮在「內容創業模式」中納入下列幾種方法。

CMI Editorial - Master Tracker
File Edit View Insert Format Data Tools Add-ons Help All changes saved in Drive
Google Feb. 2015 Rankings

	A	B	C	D	L	M	N	O
1	UPDATED 1/15/15	Google Monthly Searches	Notes	Google Rankings - May 2014	Google Jan. 2015 Rankings	le Feb. 2015 Ran	Google March Ra	URL
46	content ideas	170	new	10	14	18	14	http://contentmarketinginstitute.com/
47	content job	30	Original	6	3	2	2	http://contentmarketinginstitute.com/
48	content map	480	Original	5	6	3	4	http://contentmarketinginstitute.com/
49	content mapping	390	Original	2	2	2	1	http://contentmarketinginstitute.com/
50	content marketing	40500	Original	1	1	1	1	http://contentmarketinginstitute.com/
51	content marketing agency	1300	Original	2	1	1	1	http://contentmarketinginstitute.com/
52	content marketing best practices	140	Original	1	3	1	2	http://contentmarketinginstitute.com/
53	content marketing blog	480	Original	1	1	1	1	http://contentmarketinginstitute.com/
54	content marketing book	90	Original	1	1	1	1	http://contentmarketinginstitute.com/
55	content marketing calendar	140	Original	4	1	1	1	http://contentmarketinginstitute.com/
56	content marketing guide	110	Original	6	4	6	5	http://contentmarketinginstitute.com/
57	content marketing job	50	Original	2	3	3	1	http://jobs.contentmarketinginstitute.
58	content marketing jobs	320	Original	2	2	2	1	http://jobs.contentmarketinginstitute.
59	content marketing news	210	Original	2	4	5	7	http://contentmarketinginstitute.com/
60	content marketing plan	480	Original	1	1	1	1	http://contentmarketinginstitute.com/
61	content marketing process	70	Original	1	1	1	1	http://contentmarketinginstitute.com/
62	content marketing roi	140	Original	1	1	1	3	http://contentmarketinginstitute.com/
63	content marketing strategies	260	Original	1	1	1	1	http://contentmarketinginstitute.com/
64	content marketing strategy	2400	Original	1	1	1	1	http://contentmarketinginstitute.com/
65	content marketing tools	390	new	5	5	7	3	http://contentmarketinginstitute.com/
66	content optimization	390	Original	1	1	1	1	http://contentmarketinginstitute.com/
67	content plan	390	Original	1	1	1	1	http://contentmarketinginstitute.com/
68	content planning	210	Original	2	1	1	1	http://contentmarketinginstitute.com/
69	content producer	590	Original	38	97	>200	>200	none
70	content publisher	110	Original	9	1	1	1	http://contentmarketinginstitute.com/
71	Content publishers	50	New	3	1	1	1	http://contentmarketinginstitute.com/

圖15.1　CMI每月分析一次五十大關鍵字清單，藉此評估搜尋引擎最佳化的成果。

ARCHIVE ONLY -- CMI Editorial Calendar

	A	B	C	D	E	F	G	H	I	J	K	L	M
1	Keyword Phrases	Google Monthly Searches	Notes	Google Rankings - May 2014	Google Rankings - June 2014	Google Rankings - July 2014	Google Rankings - Aug 2014	Google Rankings - Sept 2014	Google Rankings - Oct. 2014	Google Nov. 2014 Rankings	Google Dec. 2014 Rankings	Google Jan. 2015 Rankings	URLs
2	b2b content	70	Original	3	4	3	2	5	6	3	1	1	http://contentmarketinginstitute.com/2014/10/2015 b2b-content-marketing-research
3	b2b content marketing	590	Original	1	1	1	2	2	2	1	1	1	http://contentmarketinginstitute.com/2014/10/2015 b2b-content-marketing-research
4	b2b marketing	22200	Original	50	83	22	104	26	35	19	12	27	http://contentmarketinginstitute.com/2014/10/2015 b2b-content-marketing-research
5	b2b social media	1000	new	5	4	4	8	9	8	5	4	5	http://contentmarketinginstitute.com/2014/01/plan b2b-marketing-approach-social-media
6	b2c content marketing	70	Original	1	1	1	1	1	1	1	1	1	http://contentmarketinginstitute.com/wp-content/uploads/2014/10/2015_B2C_Research.pdf
7	best content marketing	110	Original	3	6	4	6	4	5	9	2	5	http://contentmarketinginstitute.com/top-content-marketing-blogs
8	best marketing blogs	590	new	7	8	6	5	7	8	7	2	9	http://contentmarketinginstitute.com/top-content-marketing-blogs
9	blog content	480	Original	3	2	3	4	3	3	3	4	3	http://contentmarketinginstitute.com/blog
10	blog marketing	3600	Original	11	11	16	7	13	12	11	6	17	http://contentmarketinginstitute.com/blog
11	Blog tips	3600	new	>200	154	>200	29	112	>200	154	146	69	http://contentmarketinginstitute.com/2011/02/blog tips-beginners-experts
12	blogging tips	1600	new	140	105	46	>200	33	31	65	73	>200	none
13	brand content	3600	Original	11	7	8	14	8	11	13	8	9	http://contentmarketinginstitute.com/2013/05/pow business-storytelling-creating-content-brand
14	brand journalism	1000	Original	8	12	14	7	14	19	17	16	13	http://contentmarketinginstitute.com/2013/06/mak brand-journalism-work-for-business
15	brand journalist	90	Original	13	9	10	10	10	9	12	11	7	http://contentmarketinginstitute.com/2013/06/mak brand-journalism-work-for-business
16	brand journalists	10	Original	4	12	13	9	11	14	14	12	24	http://contentmarketinginstitute.com/2011/02/can-a-brand-journalist-still-be-a-journalist-does-it-matter
17	brand marketing	5400	Original	11	84	93	67	>200	99	>200	165	159	http://contentmarketinginstitute.com/2014/01/bran marketing-newsjacking-next-level
18	brand storytelling	720	Original	7	7	6	13	17	17	14	14	18	http://contentmarketinginstitute.com/2013/06/hear of-brand-storytelling-6-questions
19	Brand strategy	6600	new	>200	>200	>200	>200	>200	>200	>200	>200	>200	none
20	branded content	6600	Original	15	9	9	9	18	17	9	8	12	http://contentmarketinginstitute.com/2013/05/pow business-storytelling-creating-content-brand

圖15.2　CMI在各個關鍵詞組的表現，是透過搜尋引擎Google和Bing每月評估一次，而出現在搜尋結果排名的內容連結也會納入評估。

CMI Editorial - Master Tracker

	A	B	C	D	L	M	N	O
1	UPDATED 1/15/15	Google Monthly Searches	Notes	Google Rankings - May 2014	Google Jan. 2015 Rankings	le Feb. 2015 Ran	Google March R	URL
46	content ideas	170	new	10	14	18	14	http://contentmarketinginstitute.com/
47	content job	30	Original	6	3	2	2	http://contentmarketinginstitute.com/
48	content map	480	Original	5	6	3	4	http://contentmarketinginstitute.com/
49	content mapping	390	Original	2	2	2	1	http://contentmarketinginstitute.com/
50	content marketing	40500	Original	1	1	1	1	http://contentmarketinginstitute.com/
51	content marketing agency	1300	Original	2	1	1	1	http://contentmarketinginstitute.com/
52	content marketing best practices	140	Original	1	3	1	2	http://contentmarketinginstitute.com/
53	content marketing blog	480	Original	1	1	1	1	http://contentmarketinginstitute.com/
54	content marketing book	90	Original	1	1	1	1	http://contentmarketinginstitute.com/
55	content marketing calendar	140	Original	4	1	1	1	http://contentmarketinginstitute.com/
56	content marketing guide	110	Original	6	4	6	5	http://contentmarketinginstitute.com/
57	content marketing job	50	Original	2	3	3	1	http://jobs.contentmarketinginstitute.c
58	content marketing jobs	320	Original	2	2	2	1	http://jobs.contentmarketinginstitute.c
59	content marketing news	210	Original	2	4	5	7	http://contentmarketinginstitute.com/
60	content marketing plan	480	Original	1	1	1	1	http://contentmarketinginstitute.com/
61	content marketing process	70	Original	1	1	1	1	http://contentmarketinginstitute.com/
62	content marketing roi	140	Original	1	1	1	3	http://contentmarketinginstitute.com/
63	content marketing strategies	260	Original	1	1	1	1	http://contentmarketinginstitute.com/
64	content marketing strategy	2400	Original	1	1	1	1	http://contentmarketinginstitute.com/
65	content marketing tools	390	new	5	5	7	3	http://contentmarketinginstitute.com/
66	content optimization	390	Original	1	1	1	1	http://contentmarketinginstitute.com/
67	content plan	390	Original	1	1	1	1	http://contentmarketinginstitute.com/
68	content planning	210	Original	2	1	1	1	http://contentmarketinginstitute.com/
69	content producer	590	Original	38	97	>200	>200	none
70	content publisher	110	Original	9	1	1	1	http://contentmarketinginstitute.com/
71	Content publishers	50	New	3	1	1	1	http://contentmarketinginstitute.com/

圖15.3　每個內容頁面都被視為登陸頁面，並且以各頁面轉換多少讀者為訂閱人進行衡量。

選擇搜尋引擎最佳化關鍵字的十二種訣竅以及小型事業的內容行銷

CMI 搜尋引擎最佳化專家麥可．莫瑞著

小型事業的企業主和創業家若想利用搜尋引擎流量培養觀眾群，就不該毫無頭緒的選擇關鍵字。企業主選擇關鍵字時往往過於隨意，當然偶爾也能做出不錯的選擇，不過他們又是多頻繁的讓努力付諸流水？

好消息是，即使沒有搜尋引擎最佳化策略，長期製作內容還是可以吸引部份來自搜尋引擎的訪客。只要利用關鍵字，你的內容就會出現在搜尋結果排名，因為搜尋引擎的演算法十分重視內容。

然而你不該立下不切實際的目標，沒有任何一則頁面或部落格文章能幫助你登上Google搜尋首位（其他搜尋引擎也一樣）。選擇每月搜尋次數達到一萬的關鍵詞組，也許對你而言競爭太過激烈，不過只要付出一點努力，你還是可以利用搜尋引擎最佳化策略取得更多優勢，當你在考量新內容該使用哪些關鍵字時（也別錯過更新舊文章的機會），可以參考下列的步驟清單。

一、是否已充分利用關鍵字搜尋資源？

你可以先嘗試SerpStat以及SEO Chat的免費Google關鍵字推薦工具（Google Keyword

Suggest Tool）。另外，即使你不打算在Google上刊登廣告，也該申請一個Google AdWords帳戶，以便使用關鍵字規劃工具（Keyword Planner）。其他的付費工具包含Keyword Discovery以及WordTracker。而我個人經常使用的資源則是SEMrush，這個網站會推薦你沒有思考過、但可能有用的關鍵字（SEMrush可分析超過一億筆關鍵字，其中也包含其他競爭者的資料），幾分鐘之內，SEMrush就能為我整理出一份有六千筆關鍵字的Excel工作表，資料全都來自一間登上《企業》雜誌5000排行榜的公司。除此之外，你也應該利用Social Mention*觀察大眾所使用的關鍵字。

在列出關鍵詞組清單時，一定要注意搜尋次數，有時你可以選擇使用每個月搜尋次數達到一千的關鍵詞組，但也許大多數時間，你會想選擇競爭較不激烈的關鍵詞。就我而言，每月搜尋次數僅有五十次的關鍵詞組仍可以考慮使用。

二、關鍵詞組是否與主題相關？

你所採用的關鍵詞組是否確實適用於產品、服務，以及目標觀眾群？務必要選用明確的關鍵字。請注意，你所觀察到的關鍵字搜尋記錄可能含有不常見的字詞組合，例如：「足球球衣年輕人」，這類關鍵字組合確實會出現在搜尋排名中，不過你還是必須依照正常的句子結構調換詞序，才能使用在內容中。在特定情況下，你也可以試著交替使用不同的關鍵字寫法（但避免在同一頁面替換使用），swing set和swingset便是一例。**

三、是否要以付費搜尋廣告的方式購買關鍵字？

如果你打算投資付費搜尋廣告「每點擊付費」(pay per click)，廣告的績效資料會是很有效的判斷標準，但投注金錢在點擊數上，還是無法保證你的小型事業能夠自然而然成功，僅有部份關鍵字可能會發揮效果。分析轉換次數之後，也許你會發現同時採用付費與自然搜尋是最理想的做法。

四、內容是否已經登上關鍵詞組排名？

你的內容排在前十、前二十、前三十，又或是遠遠落在第九十九筆搜尋結果？不妨利用SheerSEO、Web CEO，以及Moz等工具幫助你蒐集排名數據。「企業搜尋引擎優化平台：一個行銷者的指南」(Enterprise SEO Platforms: A Marketer's Guide)這份報告介紹了各種平台，有助於你管理、追蹤，以及善用上千筆關鍵字(儘管其中有些服務十分昂貴，但也有一些方案屬於可負擔的範圍)，免費報告可由以下連結取得：http://cmi.media/CI-seotools。

---

* 社群媒體搜尋引擎，可搜尋各種使用者原創內容，如部落格、留言等等

** 譯註：若以中文關鍵字為例，比較類似「溼地」與「濕地」兩者的關係。

五、新頁面能否適切運用關鍵詞組？

儘管搜尋引擎可以辨別主題或概念，你的優質內容還是必須含有精心設計的關鍵詞組。同時，搜尋排名也會大幅受到頁面標題（title）、頁面標頭（header）、網站年份、入站連結，以及其他種種因素影響。

六、關鍵詞組為網站增加了多少流量？

進行網站分析時，先鎖定使用者是用哪些字詞連結至你的網站，進站後又是利用哪些關鍵詞組進行站內搜尋。也許有些使用者搜尋了「克里夫蘭會計事務所」，此時你就可以考慮在現有內容或新頁面上，加入「位於克里夫蘭的會計事務所」或是「俄亥俄州克里夫蘭註冊會計師事務所」等文字。

我習慣觀察在搜尋引擎排名較高的網頁如何運用多個關鍵詞組，例如單一頁面可能同時含有「冷氣和暖氣達拉斯」以及「達拉斯的冷暖氣」等文字。然而，這兩種詞組未必會名列熱門關鍵字，因此你可能需要建立新的網頁，專門經營這類新的關鍵詞組，如此一來這些詞組就不必出現在原有頁面（應該著重於其他的關鍵詞組）。

七、是否確實微調關鍵字組合？

即使關鍵字組合已經確定，你也應該持續評估其效果，對關鍵字的新想法、產業趨勢、競爭情況、分析數據、出現在社群媒體的關鍵字，以及其他資源都應該多加考量。此外，只是蒐集並記錄關鍵字還稱不上準備充分，你也應該思考如何以不同方式表達相同的字義。

八、關鍵詞組（或意義相近的詞組）是否已發揮轉換效果？

追蹤關鍵字的成效時，你可以利用網站分析資料以及轉換漏斗（conversion funnel）分析法*，其中也涵蓋電子商務（將關鍵字及登錄頁面連結至產品銷售）。部份企業則是利用電話追蹤服務**取得更深入的分析數據，Mongoose Metrics、Marchex等公司都有提供這項服務。

九、頁面是否含有「召喚行動」文案？

如果你希望關鍵詞組能在「內容創業模式」中發揮作用，網頁一定要有吸引人的召喚行動文案。網站訪客能否撥打免費電話、索取試用品、下載指南，或是詢問詳細資訊？

* 利用漏斗形資訊圖表，分析並衡量網站動線設計對轉換率的影響。
** 協助企業分析是哪些關鍵字吸引消費者進入網站並且撥打電話至企業詢問資訊。

十、是否有相關頁面可支援內部連結策略？

單一頁面的確有可能登上搜尋排名前段班，不過有時候，創建多個相關頁面效果更佳，此時搜尋引擎會判斷你的內容著重於相似的關鍵詞組合。你可以在類似的頁面或文章交叉連結經過設計的關鍵字。

十一、目前選用的關鍵詞組是否適用於未來製作的內容？

選擇關鍵字時也應該考量預計於數週或數個月後製作的內容，而不只是依現有或正在創作的內容進行選擇。在寫作文章或創作部落格貼文之前，先以內容行事曆為標準，詳加思考哪些關鍵字可能適用於現在與將來的內容。

十二、關鍵詞組是否包含在網域名稱內？

二〇一二年，Google決定著手處理劣質的「完全符合關鍵字網址」（Exact Match Domain）（因此劣質網址的排名會受到影響）。我認為，Google確實想要解決劣質網站利用關鍵字網址登上高排名的問題，例如以下的假網址就會是解決目標之一：seocontentmarketingtipsforsmallbusinessmarketers.com*不過，對於聲譽良好的網站而言，網域名稱含有關鍵字仍然有助於提升搜尋排名。

非自製內容客串演出

前文曾提過「非自製內容」(other people's content)的概念，當我們透過非自製內容傳遞越多想法，就有越多機會吸引新的訪客來到網站並且累積訂閱人數。與具影響力的人士培養良好關係(請見第十六章)之後，你的任務之一就是尋求機會協助他們所創作的內容發揮影響力，例如安排客座部落格文章，或是請這些知名人士參加為其觀眾群舉辦網路研討會。

自二〇〇七年開始，我為超過兩百個網站撰寫原創或改編文章，同時，我每年參與三十場以上的網路研討會，這兩大類活動可說是CMI成功的重要推手。為何我會這麼說？二〇一五年二月，進入CMI網站的使用者來自其他兩千五百個以上的網站，而使用者來源如此多元，正是因為我們經常在外部網站分享內容。

二〇一五年四月，Google公開表示，Google的演算法會有利於「行動裝置友善」的網站，意謂如果你的網站不適合以行動裝置使用，其中的內容就可能不易出現在Google搜尋結果前幾名。

* 此網址將所有關鍵字合而為一——針對小型企業行銷人員的搜尋引擎最佳化內容行銷訣竅。

製作更多排名清單內容

儘管我個人並不特別欣賞這種方式，不過排名清單的能見度高、分享次數也高，因此更多人會在部落格加入這份內容的連結，使得這份內容更容易出現在搜尋結果。CMI成效最佳的內容幾乎都是各種排名清單。

而比清單更具效果的內容，就是彙整業界的影響力人士清單。《富比世》雜誌可說是該領域的霸主——每個月都發表各種最佳排名報告（圖15.4）。

考慮使用StumbleUpon

專業分析部落格KISSmetrics指出，許多企業忽視了StumbleUpon*可用於推廣內容的價值。畢竟StumbleUpon可以幫助讀者尋找或是「偶然發現」與自身興趣有關的文章及網站。

依據網站流量分析工具StatCounter的發現，以流量最多的七大網站而言，StumbleUpon正是將流量帶進這些網站的功臣之一。將StumbleUpon加入網站工具列，可能就是通往成功的第一步。

加入reddit

截至二〇一五年二月，社群網站reddit的獨立瀏覽人次（unique visitors）已超過一億五千萬。reddit的使用者是許多興趣相異的消費者，彼此分享故事、針對議題投票、並且留言發表意見。

根據你的定位領域，也許可以在reddit找到幾個子團體，也就是所謂的subreddits，並且觀察其中的討論。如果積極參與這類社群，你可能有機會分享你的專業知識，甚至是你的文章。

進行獨創研究

CMI獨創研究被其他網站分享的次數，遠遠超過其他形式的內容。如果你有機會發表研究，務必要以定期系列的形式規劃研究進度，例如每季或每年發表一次，如此一來表示每次發表研究時，你的內容總會有新穎和亮眼之處。

運用Quora解答問題

* StumbleUpon是一個依據使用者的興趣、喜好，隨機挑選網站送到使用者面前的服務。

圖15.4 《富比世》雜誌推出不少「最佳」排名企劃，圖中內容即是一例。

Quora是個線上問答平台，你的潛在訂閱人極有可能在此提出你可以回答的問題。和社群媒體相同的道理，你要展現專業、吸引使用者造訪你的網站。

內容同步傳播

同步傳播內容指的是主動將文章登在外界的網站。在過去許多人認為，Google這類搜尋引擎不利於複製內容的網站，然而Google否認這種說法：「讓我們打開天窗說亮話，並沒有『複製內容懲罰』這種事。」

NewsCred的策略總監麥克．布倫納（Mike Brenner）認為，內容同步傳播是未經開發的機會，他分享自身的經驗：

> 我任職於軟體公司SAP時，一手打造了名為SAP Business Innovation的內容行銷中心，這個計畫不僅榮獲獎項，還是以極少預算推行。那麼該如何用有限預算建立所謂的內容中心呢？你需要一大群自願參與的內容撰稿人。
>
> 我的做法是取得其他專家（剛起步時大多數是員工）的同意後，同步傳播他們製作的內容。取得商業成果且預算增加之後，我開始採用經授權的內容以及其他需付費的原創內容。

將你的內容授權給其他網站（同步傳播），是增加傳播管道的有效做法。此外，儘管我認為原創內容是「內容創業模式」成長的首要動力，在你的內容製作完全上軌道之前，同步傳播非自製內容也是個值得考慮的選擇。

如果你對這種做法有興趣，應該要考慮NewsCred以及美國企業新聞通訊公司（PR Newswire）這類組織。

善用HARO

Help a Reporter Out又簡稱為HARO，是為新聞撰稿人和記者所設計的網站，提供各種專業內容資源。CMI在過去數年善加利用HARO的影響力，也因此登上《紐約時報》。

在文字內容加入圖片

內容行銷服務公司Skyword的研究發現，商業導向的網頁如果附有圖片，效果優於無圖網頁的程度高達百分之九十一。如果你正在猶豫，在文字內容加入圖片絕對是正確選擇（圖15.5）。《哈芬登郵報》以及BuzzFeed這類網站正是落實這套策略，而加入圖片為必須要耗時費力，

你可以考慮下列幾種做法：

- 安排內容行事曆的同時，聘請平面設計師製作客製化貼文。

- 使用線上圖庫服務如BigStock或Shutterstock，不過儘管有這類資源可使用，我們還是建議你招募專業設計師，協助製作圖片並充分客製化，產出最適用於內容的圖片。
- 自行製作，可利用Canva這類的設計平台。

將大部份內容設定為公開

二〇一四年夏季，我針對一些知名商業團體舉辦了工作坊，大多數參與者所遇到的問題都是內容在網路上能見度不高。為什麼？因為他們所提供的內容有九成都是僅限會員使用，也就是必須登錄後才能取得內容。換言之，這些組織的內容有九成會遭到搜尋引擎忽略，喜歡這些內容的使用者也無法在社群媒體分享內容。

知名作家暨講者大衛・米爾曼・史考特（David Meerman Scott）的個人統計資料顯示，在內

圖15.5　專為我和羅伯特・羅斯共同製作的Podcast─This Old Marketing，CMI團隊客製化設計了這張圖片，後來也成為社群媒體宣傳的一環。

容公開的情形下，他所推出的白皮書或電子書下載量，至少會高出二十倍，最多甚至可高出五十倍。如果不需填寫個人資料即可下載內容，傳播效果絕對較為理想。

沒錯，你的確需要在特定內容資產的下載步驟之前，安插請使用者填寫資料的表格，以便累積訂閱人數。然而以大部分的內容而言，方便觀眾使用絕對是首要之務，如此才能同時提升成為搜尋結果以及社群媒體分享內容的機率。

品牌聯合（BRANDSCAPING）

根據《品牌聯合》作者安德魯．戴維斯的定義，「品牌聯合」（Brandscaping）指的是「許多品牌共同製作出優質內容」（請見圖15.6）。試想以下的例子：你已經擁有品質優良的內容，卻需要更多行銷曝光機會；或是業界有人提出十分出色的研究，而你非常希望與自己的觀眾群分享這份內容。在這些情況下，也許與他人合作是最理想的做法。

圖15.6　Traackr與Skyword兩家企業建立合作關係（品牌聯合），共同製作具教育意義的電子書。

仿效Upworthy測試標題

Upworthy是當今成長最快速的網站之一，專門分享並策展（其認為）能引起眾人興趣的內容。二〇一三年十二月，共計超過八千七百萬人次造訪Upworthy。

究竟是什麼造就如此驚人的造訪人數？據Upworthy的說法：「這是因為Upworthy社群的上百萬名成員，觀賞我們策展的影片之後，認為這些影片很有意義、很吸引人、而且值得和朋友分享。」

Upworthy是如何促使觀眾開啟電子郵件、觀賞影片、最後與朋友分享？關鍵在於Upworthy員工會精心設計每一道標題。Upworthy針對每一篇文章都提出至少二十五種標題，接著利用訂閱人清單進行各式各樣的A/B測試，觀察哪一種標題吸引最多人開啟電子郵件，哪一種標題的分享次數最多。最後當Upworthy判斷出效果最佳的標題之後，便會將這道完美標題傳送至整個電子郵件資料庫。

付費內容傳播管道

當內容尚未具備吸引自然搜尋的實力，也尚未累積大量的訂閱人觀眾群之前，可能需要仰賴其他助力增加讀者人數。因此利用付費內容傳播方式吸引新的訂閱人，也是非常合理的選擇，以下是值得參考的做法：

- **每點擊付費廣告**。如果你的內容還無法出現在目標關鍵字的搜尋結果中，可以考慮利用付費廣告。每點擊付費指的是在搜尋引擎上廣告你的內容，每當有使用者點擊這條連結，你就必須付費給搜尋引擎。每點擊付費廣告的費用不一，較不熱門的關鍵詞組可能要價五美分，而熱門關鍵字（如常見疾病「間皮瘤」）則要價數美元。
- **內容搜索／推薦工具**。Outbrain、Taboola、以及nRelate等服務平台與媒體及部落格網站合作，共同協助客戶推廣內容，而費用則依客戶所選擇的刊登網站而有差異。這類投資的原理和每點擊付費廣告（每當使用者點擊你的連結，你就必須支出廣告費）相同，但內容推薦工具的最大的相異之處在於，客戶的內容必須以有趣故事的形式呈現（否則這項服務無法發揮作用）。圖15.7是CNN.com的內容推薦區。

社群媒體廣告

圖15.7　包括CNN在內的許多發行人，都會將內容搜索引擎設置在文章底部，目的是宣傳相關（和贊助）內容。

幾乎每一個社群網站，包含Facebook、LinkedIn、Twitter、以及Instagram都有提供廣告服務，這些平台可以幫助你向極為明確的觀眾群推廣內容。圖15.8為Facebook宣傳網路研討會的範例（宣傳有價值的內容，是善用社群廣告的最佳方式）。

新聞稿服務

美通社與PRWeb皆有提供擬定新聞稿的服務，並且協助客戶將內容發表至自行選擇的媒體網站，達到額外的宣傳效果。請記得，新聞稿並沒有一定的格式，你可以盡量發揮創意，盡力在數千份新聞稿中吸引觀眾的注意力。二〇一一年公關專家米契・德拉普萊（Mitch Delaplane）在新聞稿中動了點手腳，後來受到眾多網站推薦，TechCrunch甚至稱之為「史上最佳新聞稿」（圖15.9）。

如果需要了解更多宣傳內容的方式，可以參考查德・波利特（Chad Pollitt）的內容宣傳指南*，以及羅伯特・羅斯針對內容搜索工具提出的完整報告**。

「內容創業模式」觀點

- 儘管提升內容能見度有許多方式，但以提升尋獲度而言，善用搜尋才是關鍵。
- 讓內容出現在搜尋結果中並不是天方夜譚，然而大多數公司卻不注重可提升搜尋排名的細節。為搜尋引擎最佳化制定流程是不可或缺的步驟。

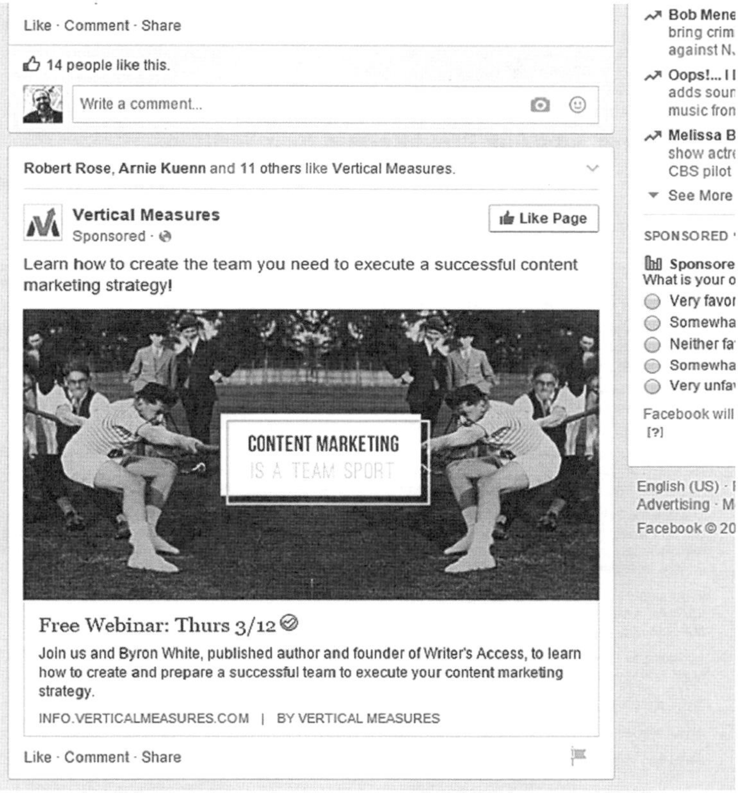

圖15.8　在如Facebook的社群媒體管道推廣內容，是精確針對觀眾群傳遞內容的有效方法。

* http://cmi.media/CI-promotion

** http://cmi.media/CI-native

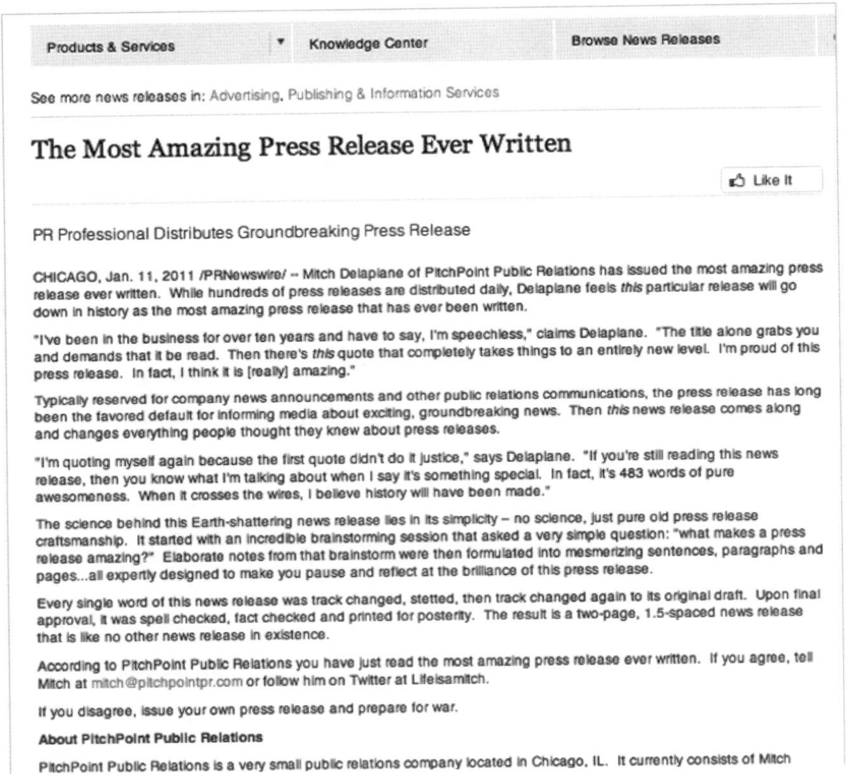

Products & Services | Knowledge Center | Browse News Releases

See more news releases in: Advertising, Publishing & Information Services

The Most Amazing Press Release Ever Written

Like It

PR Professional Distributes Groundbreaking Press Release

CHICAGO, Jan. 11, 2011 /PRNewswire/ -- Mitch Delaplane of PitchPoint Public Relations has issued the most amazing press release ever written. While hundreds of press releases are distributed daily, Delaplane feels *this* particular release will go down in history as the most amazing press release that has ever been written.

"I've been in the business for over ten years and have to say, I'm speechless," claims Delaplane. "The title alone grabs you and demands that it be read. Then there's *this* quote that completely takes things to an entirely new level. I'm proud of this press release. In fact, I think it is [really] amazing."

Typically reserved for company news announcements and other public relations communications, the press release has long been the favored default for informing media about exciting, groundbreaking news. Then *this* news release comes along and changes everything people thought they knew about press releases.

"I'm quoting myself again because the first quote didn't do it justice," says Delaplane. "If you're still reading this news release, then you know what I'm talking about when I say it's something special. In fact, it's 483 words of pure awesomeness. When it crosses the wires, I believe history will have been made."

The science behind this Earth-shattering news release lies in its simplicity – no science, just pure old press release craftsmanship. It started with an incredible brainstorming session that asked a very simple question: "what makes a press release amazing?" Elaborate notes from that brainstorm were then formulated into mesmerizing sentences, paragraphs and pages...all expertly designed to make you pause and reflect at the brilliance of this press release.

Every single word of this news release was track changed, stetted, then track changed again to its original draft. Upon final approval, it was spell checked, fact checked and printed for posterity. The result is a two-page, 1.5-spaced news release that is like no other news release in existence.

According to PitchPoint Public Relations you have just read the most amazing press release ever written. If you agree, tell Mitch at mitch@pitchpointpr.com or follow him on Twitter at LifeIsamitch.

If you disagree, issue your own press release and prepare for war.

About PitchPoint Public Relations

PitchPoint Public Relations is a very small public relations company located in Chicago, IL. It currently consists of Mitch

圖15.9　米契・德拉普萊的「史上最佳新聞稿」受到眾多媒體管道青睞。

- 利用廣告累積訂閱人數是可行的做法，先檢視所有可用的管道，再思考如何利用管道將內容呈現在合適的觀眾眼前。

參考資料

Eric Enge, "Link Building Is Not Illegal (or Inherently Bad) with Matt Cutts," stonetemple.com, accessed April 28, 2015, https://www.stonetemple.com/link-building-is-not-illegal-or-bad/.

Nathan Safran, "310 Million visits: Nearly Half of All Web Site Traffic Comes from Natural Search [Data]," conductor.com, accessed April 28, 2015, http://www.conductor.com/blog/2013/06/data-310-million-visits-nearly-half-of-all-web-site-traffic-comes-from-natural-search/.

Kristi Hines, "4 Ways to Increase Traffic with StumbleUpon," KISSmetrics.com, accessed April 28, 2015, https://blog.kissmetrics.com/increase-traffic-with-stumbleupon/.

Google Support, "Duplicate Content," Google.com, accessed April 28, 2015, https://support.google.com/webmasters/answer/66359?hl=en.

Michael Brenner, "Get the Biggest SEO Bang for Your Content Marketing Buck," ContentMarketingInstitute.com, accessed April 28, 2015, http://contentmarketinginstitute.com/2015/03/brenner-seo-content-marketing/

Upworthy Insider, "What Actually Makes Things Go Viral Will Blow Your Mind," Upworthy.com, accessed April 28, 2015, http://blog.upworthy.com/post/69093440334/what-actually-makes-things-go-viral-will-blow-your.

Alexia Tsotsis, "The Most Amazing Press release ever Written," techcrunch.com, accessed April 28, 2015, http://techcrunch.com/2011/01/12/news-about-news/.

第十六章 接收觀眾群

影響力行銷就是藉由他人分享你的故事、創造利益，最終成就你的事業。

——阿德斯・阿爾比（Ardath Albee）*

大部分的行銷專家可能會將這章命名為「影響力行銷」，不過我還是偏好如實闡述原本的概念：與具有影響力的人物（定義為「觀眾群沒有造訪你的網站時的所在之處」）合作，最終目的就是將這些人物的觀眾群據為己有（我已經盡量用最正面的方式說明）。

在這個時代，組成觀眾群的使用者並不會待在原地，被動等著你提供內容，而是會主動接觸並利用行動、影音，以及文字內容，滿足資訊或娛樂的需求。如果你希望有所突破，就必須利用這股注意力，並且將其導向你的內容（不簡單的任務）。

本章的重點就是幫助你做到這一點：接收觀眾群！

* B2B行銷策略專家。

運作原理

這套運用他人影響力宣傳內容的策略又稱為「影響力行銷」，如果從以下幾種角度思考，這個概念其實頗為簡單明瞭：

- 具有影響力的人物已有成熟的觀眾群，而且觀眾願意接受這些人物的想法與建議；基本上你的目標觀眾群十分重視具有影響力的人物。
- 具有影響力的人物與其讀者之間有穩固的信任關係。理想狀況是，這些人物會代替你與讀者建立緊密的連結，幫助你累積可信度。
- 具有影響力的人物可以幫助你創作出真正符合顧客需求的內容，因為他們既有「實戰」經驗又有獨到見解。
- 你與有影響力的人物合作之後，便能以正確方式、向正確對象傳遞內容與訊息。
- 你的最終目標就是培養並擴大屬於自己的觀眾群。

目標為何？

正如「內容創業模式」需要一套策略，影響力行銷也需要策略。執行影響力行銷計畫之前，你必須先釐清並記錄自己的明確目的。換言之：影響力行銷計畫要如何幫助你達成商業目標，又要如何達到培養觀眾群的效果？

你可以考慮或利用下列的可行目標，作為擬定目標清單的初步參考：

- **品牌知名度**。有多少人是因為這位具有影響力的人物，而觀看、下載，或聆聽這份內容？
- **互動程度**。這份內容引起了多少共鳴，分享次數又有多頻繁？有影響力的人物是否有助於提升分享次數？
- **潛在客戶開發**。有影響力的人物是否有助於將觀眾轉換為有價值的訂閱人？
- **銷售量**。你是否因為有影響力的人物分享這份內容而獲利？這項計畫的收益或投資報酬率有多少？（請見第二十二章。）
- **顧客保留與忠誠度**。有影響力的人物是否有助於保留顧客？
- **升級銷售（up-sell）或交叉銷售（cross-sell）**。有影響力的人物是否能促使他人對你的事業增加投資？

辨別影響力類型

你所需要的影響力類型取決於你的目標為何。例如，假設你的目的是提升知名度以及擴大接觸範圍，可能就需要與多位具有影響力的人物合作，仰賴他們創作「容易消化」的內容，藉此提升你的廣告曝光佔有率（share of voice）。然而，如果你的目標是保留顧客或升級銷售，請其他客戶發揮影響力可能是較為理想的做法。

如何辨別適用的影響力類型？

具有影響力的人物類型不一，從組織內部到外界，具有影響力的人物可能有以下幾類：

- 部落客
- 顧客
- 採購組成員
- 產業專家與分析師
- 商業合作夥伴
- 內部團隊成員或專家
- 媒體網站

從這些類別中，你可以列出一份影響力「鎖定名單」（請見下文「擬定影響力鎖定名單」）。

如何管理影響力行銷計劃

釐清影響力行銷計畫的目標以及理想觀眾群之後，你會更加了解自己在組織內是否握有合適的資源，是否足以推行整套計畫。以下是過程中需要考量的事項：

- 你的工作團隊是否有能力負擔影響力試行小組的工作？
- 組織內是否有可用工具（用於社群聆聽、內容管理等等），可投入至影響力行銷計畫之中？你可以參考框格中的「影響力聆聽工具」。

影響力聆聽工具

- Klout（用於搜尋並衡量具有影響力的人物。）
- Little Bird（用於搜尋具有影響力的人物。）
- Google 快訊（根據關鍵字辨別新進內容。）
- Traackr（用於搜尋具有影響力的人物，並與其建立關係。）
- Tap Influence（用於搜尋已登錄且願意合作的具影響力人物。）

完全了解組織內部的實力之後，就可以判斷相應的計畫規模，以及推行計畫所需的其他資源，以順利達到目標。

製作值得分享的內容

為了與具有影響力的人物合作、建立真正的夥伴關係，達到加強宣傳內容的目標，不可或缺的條件正是：吸引人且有意義的內容。通常，如果品牌廠商要求具有影響力的人物在其一手建立的網站上過度推銷，這些人物會拒絕與該品牌合作，畢竟他們與讀者之間的信任關係，是基於內容的真實性才得以維繫，因此沒有任何一方──即使是你的品牌也一樣──值得具有影響力的人物犧牲這一點。簡而言之，正如行銷專家安迪．紐彭（Andy Newbom）所說的：「要針對具有影響力的人物，量身打造可以發揮其影響力的內容。」

擬定影響力鎖定名單

有時候你是否會覺得影響力行銷計畫像沒有出口的複雜迷宮？這是因為你有非常多選擇，具有影響力的可能合作對象人數之多，也許會令人感到毫無頭緒。以下是開始執行影響力行銷計畫時應該先行考量的事項：

- 該接觸哪些對象？
- 該如何判斷「誰能勝任」，誰又有強大的影響力？
- 開始合作後，該如何管理具有影響力的人物？

這些未知情況對於任何工作團隊而言，都是非常艱鉅的挑戰，不論團隊大小或經驗多寡。以下三個步驟將有助於你開始推行計畫：

一、建立潛在合作對象候選名單，並且多加了解這些對象。
二、開始拓展具有影響力的人脈。
三、測試、評估、最佳化。

設定目標並且判斷理想的合作對象「類型」之後，必須建立具有影響力的人物候選名單，此時的首要之務就是除了聆聽之外不採取任何行動。這個步驟雖然被動，但是花時間理解潛在合作對象的重心，也是釐清合作方式的重要一環。

首先，可以考慮擬定一套模式，以便追蹤你最想合作的對象。也許你已經有概略的清單，不過初期最好能以一貫的方式追蹤並衡量具有影響力的潛在合作對象。

此外，如果你有使用類似Klout的社群排名工具，也可以在衡量模式納入這項分數。不過平常在觀察可能合作對象的創作內容時，你的評量標準可以較為「直覺」，此時就牽涉到一個非常關鍵的環節：閱讀具影響力人物的作品！包括閱讀他們的文章、觀察他們如何回應留言、檢視他們的Twitter發文，並且深入了解他們最重視的部份。衡量這些人物的影響力程度與規模時，你也能同步觀察是哪些觀眾在回應並追蹤他們的作品，這些實用的資訊都該一併記錄在工作表中（觀眾也有可能是具有潛在影響力的人物）。

鎖定具有影響力的潛在合作對象

行銷分析公司Lattice Engines經理亞曼達．馬克思謬（Amanda Maksymiw）建議，擬定具影響力的潛在合作對象清單時，可以採取下列行動：

- 利用聆聽工具以及關鍵字，鎖定談論特定主題的人物。
- 詢問顧客或其他業界人士（千萬不可低估口碑的力量）。
- 透過社群媒體平台搜尋，尤其是LinkedIn。
- 無止境的建立人脈。參與不同領域的活動——走出舒適圈，與顧客、合作對象，以及銷售人員交談。
- 詢問行銷、產品開發，或是銷售團隊的同儕。
- 詢問其他具有影響力的人物。你絕對無法想像有多少首選合作對象都是彼此合作、推薦的關係。

- 加入論壇與討論看板／群組，分享你的內容。參與Twitter的即時通訊群組、網路研討會，甚至是瀏覽最新的產業報告等等，都有助於你快速了解誰是這個領域的主導者。

影響力候選名單應該有多少候選人？

這則問題的答案幾乎完全取決於你對上述「如何管理影響力行銷計劃」的回答，不過初期因為效率考量，大多數人會傾向先列出五至十名具有影響力的人物，是較為合理且容易控管的出發點。

拓展人脈

一旦完成擬定具有影響力的合作對象候選名單，並且長時間觀察這些人物的創作內容之後，下一步就是向外拓展人脈，不過行動之前請先考量以下事項：

- 採用何種方式接觸目標對象？
- 你可以提供對方哪些有價值的益處？
- 你希望透過合作關係達到什麼目的？

如果你確實有長期觀察這些人物的創作內容，此時就是努力後的收穫時刻。邀請具有影響力的一流人物合作時，卻只發送空泛、冷淡的詢問訊息，對方可能會覺得受到侮辱。此外請切記，這是雙方平等的合作關係，以前公司送上大把鈔票或樣品，就期待部落客對自己的品牌唯命是從，這種時代早已過去。現在具影響力的人物有仔細篩選的能力，而他們也期望將才能（與觀眾群）貢獻予你的計畫時，可以受到相應的尊重。

社群媒體4-1-1

社群媒體4-1-1是由安德魯．戴維斯所提出的社群分享策略，可以協助企業更輕易發掘社群平台上具有影響力的人物。首次與具有影響力的潛在合作對象接觸時，先採用這套策略，而非直接發送電子郵件給對方，會是較為理想的做法。以下會說明如何應用這套策略。

以六篇內容為一個單位，在社群媒體（例如Twitter）分享內容時，分配比例應該如下：

- 四篇引用目標合作對象的內容，而且主題要與你的觀眾群切身相關。意謂約有六成七的時間，你所分享的內容都並非原創，目的是吸引觀眾注意目標合作對象的內容。
- 一篇為原創內容，需有教育意義。
- 一篇為行銷內容，例如折價券、產品資訊，或是新聞稿等。

當然你不一定要完全依上述比例分享內容，成功關鍵在於其中的觀念：當你分享具有影響力人物的內容，會立刻引起對方的注意，同時你在分享內容的過程中，不應該要求任何回報（保持一個月左右），如此一來，當你有所求的那一天到來，對方就會比較有意願協助。

另一個成功要件是持續，以你的影響力候選名單為基準，至少每日分享一篇來自目標合作對象的內容，並且持續一個月。

首次互動

如需要開始與目標合作對象互動，可以採取以下幾種做法：

- 在社群媒體展現熱情，可以透過留言回應、轉推（retweet），或是引用等方式（利用社群媒體4-1-1策略）。
- 在對方的部落格文章張貼合適的留言。
- 在LinkedIn與對方建立關係，自我介紹並說明想加入對方人脈的原因。
- 直接發送電子郵件。如果你偏好使用這種方法，可以參考圖16.1的範例。

〔對方姓名〕您好：

初次與您聯絡，我是〔公司名稱〕的員工，非常欣賞您在部落格發表有關〔某主題〕的內容。我們希望有機會能與您合作進行〔某內容計畫〕，若能順利與您合作，想必我們的觀眾群也會十分期待。

圖16.1　發送給具影響力人物的電子郵件內容範例。

成功拓展人脈的關鍵在於，避免表現出請求幫忙的姿態，而是向對方提出合作的建議，並且以對方的專業為首要考量，自身需求則為其次。

培養影響力人際關係

開始與目標合作對象互動之後，也許就能較自然的以不同方式詢問合作意願，例如：

- 請對方與你共同製作內容
- 請對方專為你的平台客製化製作內容
- 請對方透過自身平台分享你的內容

你可以考慮與具有影響力的新合作對象共同進行以下計畫：

一、請對方為文章提供引言。
二、請對方在研討會發表演說。
三、請對方以嘉賓身份參與Twitter聊天群組或網路研討會。
四、請對方為電子書提供引言。
五、請對方針對特定主題表達看法，以群眾外包（Crowdsourcing）的方式編寫部落格文章。

六、請對方允許你分享或連結至對方的內容。（其實不一定需要直接取得對方同意，但此舉可以表達禮貌以及你的興趣。）
七、請對方提供資訊或數據，協助進行個案分析。
八、請對方寫一篇客座部落格貼文或是專題文章。
九、請對方在業界活動中加入專家小組。
十、請對方以嘉賓身份在Podcast或Google Hangout登場。

內容的壽命有多長？

合作過程中需要考量製作內容的延展性，正如同內容型策略，影響力行銷計畫不能只是一次性的活動企劃（請見第十三章關於內容重製的討論）。舉例來說：

- 考慮將每個月的客座部落格文章集結成每季出刊一次的電子書。
- 如果你已經請具影響力的人物主持一系列的網路研討會或Podcasts，可以將這些內容彙整成扎實的資源指南。
- 從具影響力的合作對象蒐集引言或觀點，再編寫成最佳實務範例或是集眾人之智的文章。

評估並改良計畫

儘管你必須單方面付出時間與努力，你和具有影響力的合作對象終究會形成穩固的合作關係。分享對方的文章不再像請求協助，因為你已經盡力展現自己對作者的尊重與重視，而不只是覬覦對方的觀眾群。此時你需要表達更多善意，為「培養合作關係」付出努力，更進一步的強化雙方的忠誠度。例如，你可以邀請具影響力的合作對象出席獨家活動；請對方協助推出前所未有的新產品或新服務；請眾多合作對象提出想法，以群眾外包的方式組成「試行」團隊；或是寄送給對方小禮物以表感謝（例如咖啡禮品卡）或是手寫感謝信。

這些舉動都會讓合作對象感到受重視和身分特殊，而這也正是你最初尋求合作的原因（此外，記得對方的生日更是只有好處、沒有壞處）。

衡量計畫

你可以參考以下建議選定關鍵績效指標（KPI），主要是根據最初設定的計畫目標選擇衡量方式：

計畫目標	可用的指標
品牌知名度	網站流量 頁面觀看次數 影片觀看次數 文件觀看次數 下載次數 社群對話 推薦連結
互動程度	部落格留言 按讚（Facebook）、分享、推文（Twitter）、+1（Google+）、Pin（Pinterest） 轉貼與引述 內部連結

開發與培養潛在客戶	表格填寫與下載次數 電子報訂閱人數 部落格訂閱人數 訂閱人轉換率
銷售量	線上銷售量 非線上銷售量 報告手冊與口頭成交紀錄
顧客保留與忠誠度	現有顧客使用的內容百分比 顧客保留與續留率
升級銷售或交叉銷售	新產品或新服務的銷售量

無論你選擇運用哪些指標衡量成果，都必須特別留意可能需要改善之處，尤其在計畫初期更是如此。沒有任何一套計畫能夠達到完美無缺，而打造有效的影響力行銷計畫，大量的時間與付出更是不可或缺。如果你不只將眼界放在計畫的表面成功上，那就能進一步考量這段工作上的合

作關係，可以如何為公司創造出真正的價值。這段合作關係未必總是光鮮亮麗，也正如任何一段關係，可能還涉及某種形式的「交易」，不過這些極具影響力的聲音，基本上是無償替你將公司的訊息傳遞給大眾，其效果終究會超越你手中大多數的行銷計畫。

個案分析：內容行銷學院（CMI）

CMI將具有影響力的人物定義為「創作內容符合目標觀眾群興趣的部落客、競爭者，或媒體組織」。

為幫助這些人物增加知名度，CMI每季會發表一次「前四十二大內容行銷部落格」排名，藉此評估我們的具影響力人物名單。最初，這份名單的組成如下：CMI利用Google快訊追蹤關鍵字（如「內容行銷」）鎖定的具影響力人物、業界商情出版品的作者、在Twitter上談論相關主題的人物，以及其他引起我們興趣的部落格。而最初名單正好就記錄了四十二名具有影響力的人物。

吸引具有影響力的人物

具有影響力的人物是很重要的群體，他們通常都有一份正職，卻也在社群網路上極為活躍，願意付出時間分享內容和經營部落格。吸引這群人的目光可不容易，因此為了達到這個目的，我們必須贈送「內容禮品」，以下會說明數種不同的作法。

首先，利用前文介紹的社群媒體4-1-1策略，CMI落實這套策略長達數個月。我們的工作團隊初期先依「熱門內容行銷部落客」清單追蹤對象，後期則決定公開並與大眾分享排名資訊，藉此提升這些具影響力人物的知名度，最後效果確實十分驚人。

CMI聘請外部研究專家協助彙整出一套模式，以便針對熱門部落客進行排名，影響排名的因素包含穩定性、風格、實用性、原創性以及其他細節。接著CMI一季發表一次排名清單，透過新聞稿公佈前十名，並且盡可能的利用這項機會。想當然爾，前十名的部落客以及前四十二大部落格非常滿意排名結果，不僅多數的上榜人物和自身觀眾群分享排名清單，更有幾乎半數的前四十二大部落格將CMI的小工具（顯示該部落格的排名）放在首頁，可以直接連結至CMI的網站。因此，我們不僅與這些具有影響力的人物建立了長期合作關係，同時也獲得了信任來源連結與網站流量。

CMI除了發表熱門部落客名單之外，也開始彙整具影響力人物的作品，製作成大篇幅且具教育意義的電子書。舉例來說，在二〇〇九年及二〇一一年，CMI皆有推出「內容行銷策略書」（Content Marketing Playbook）。這份策略書包含四十份以上有關內容行銷的個案分析，多數內容都是CMI合作對象的第一手經驗，因此我們一定會在策略書中註明個案內容是源自哪位合作對象。

當CMI推出策略書，並且將出版消息轉告具影響力的合作對象時，大部分出現在策略書的合作對象，都很主動的與其觀眾群分享這份內容。其中很重要的一點是，CMI在策略書中分享的所有資訊，都是經「合理使用」、正確引用，或經過合作對象同意的內容。

自此之後，多數出現在CMI影響力原創名單的人物，都成為CMI社群中非常活躍的撰稿人。有些合作對象開始寫作部落格文章，有些則參與CMI的每週Twitter聊天室，也有人擔任CMI主辦活動的演講者，當然也有些合作對象繼續為CMI編寫書籍與電子書。而也許最令人欣喜的部分，就是CMI排名的十大最具影響力人物都成了我的好友。毋需多言，這又是個大獲成功的計畫。

誰說佔他人便宜一定沒有好下場？

「內容創業模式」觀點

- 你需要提升訂閱人數，而只要透過具有影響力的人物分享你的內容，便能達到這項目標。
- 大部分採用影響力行銷策略的企業都沒有固定流程。然而你在落實影響力行銷計畫的過程中，務必要以固定的團隊與節奏分享內容。
- 在影響力行銷計畫初期，必須先大量分享具影響力人物的內容，你自己的內容則是其次，如此一來計畫才能發揮最佳效果。

第十七章
整合社群媒體

社群媒體的真正價值不在於利用科技，而是服務社群。

——賽門．曼華林（Simon Mainwaring）*

有一段時期，社群媒體和內容製作這兩個詞彙幾乎可以通用，然而兩者實際上有極大差異。社群媒體和內容製作的範疇稍有重疊，不過若以最簡單的方式說明兩者關聯——內容是驅動社群媒體的關鍵，而社群媒體則是內容行銷兩個主要流程中最重要的元素：

- 聆聽觀眾群的意見，了解觀眾關心的主題，才能製作出對觀眾而言有趣又實用的內容。
- 傳遞內容。（自製內容以及非自製內容——亦即採用社群媒體 4-1-1 策略）

簡而言之，社群媒體和內容製作兩者缺一不可。

* 著名社群媒體專家與部落客。

如果你才剛開始認真計畫利用社群媒體宣傳內容，最好從小細節著手。首先選擇最熱門的社群平台（Twitter、LinkedIn、Facebook，以及YouTube），接著觀察最多目標觀眾群關心的主題為何。

焦點

傳統上，B2B公司都會猶豫是否該利用像是Pinterest的平台；不過如果你付出雙倍努力，並且將Pinterest視為關鍵策略、專注經營，我敢保證你一定會收到效果。最根本的問題就只是，為了換取和社群有更多真正互動的機會，你願意將資源投入在哪裡。

——King Content策略總監，陶德．惠特蘭（Todd Wheatland）

首先選擇適合實際培養社群以及互動的管道，接著將重心放在此處，觀察他人在這個空間的活動，由此了解眾人對哪些主題最為關心。所謂「他人」指的並不是競爭者，而是任何比你的社群媒體內容更具吸引力的人物（例如具有影響力的合作對象）。自問你可以如何讓內容更加實用、更具娛樂性，勝過其他內容生產者。

測試

選擇主流管道作為重心是合理做法，然而情勢正在快速變化，因此一定要經由實驗，讓社群媒體內容保持新鮮、即時。Airbnb行銷總監強納森·米爾登霍爾（Jonathan Mildenhall）在二〇一三內容行銷世界研討會指出：「如果你沒有失敗的空間，就沒有成長的途徑。」

如果僅是因為流行或是模仿競爭者而開始使用特定平台，絕對不是理想的做法，但另一方面，你也不該因為害怕失敗而不敢嘗試新事物。在決策過程中，請參考以下建議：

- 沒有明確計畫之前，不要任意創建帳戶。
- 務必列出測試管道的優先順序，並且投入大量時間測試有效的方法，同時也要從無效的方法學習教訓。你可能會發掘觀眾群的另一面，或是發現某個管道並不適合作為你的事業主力。

客製化

當然，Facebook的貼文應該要和Pinterest、Twitter，或是LinkedIn的貼文有極大差異，不過很多時候實際狀況卻是：「太麻煩了，還是一次在所有管道公開內容比較方便。你利用管道只是因為手邊剛好有這些工具，所以按下送出鍵之後，你的所有管道都會出現相同內容。」

——講者暨內容行銷策略專家，麥可·韋斯（Michael Weiss）

在不同管道傳遞相同訊息，正是最容易讓社群成員失去興趣的做法。取而代之，你應該判斷網路社群成員對哪類內容有興趣，也就是哪些內容對他們而言較為實用。同時，你也應該預先規劃以多元方式運用你的內容資產，並且針對你所偏好的傳播管道，設計以特殊的形式宣傳內容。

可納入考量的社群管道

以下是我個人推薦使用的資源，也有助於你快速一覽各大社群媒體管道的特色。不過請記得，儘管你可以利用社群媒體培養觀眾群，卻無法直接與觀眾群接觸，而這正是Facebook或YouTube等平台的侷限。利用這些社群媒體的最終目的，是將觀眾群導向你所提供的內容，如此才有機會累積電子郵件訂閱人數。

Facebook

根據皮尤研究中心（Pew Research Center）統計，七成一的成人網路使用者和五成八的總人口都有使用Facebook，這表示Facebook的地位舉足輕重。極有可能的狀況是，至少你的部分觀眾群有使用Facebook。

正如我們在第十四章的討論所述，Facebook不停的修正演算法，目的是提供使用者最有趣且吸引人的內容，這也意謂單純在Facebook自我推銷只會是徒勞。

貝瑞德．克隆茲（Britt Klontz）是線上行銷公司Distilled的數位內容策略專家，他推薦採用以下兩種Facebook行銷模式：

- **提供獨家資訊**：持續吸引粉絲和增加「讚」數的最佳策略之一，就是提供獨家資訊，前提是你所提供的資訊要夠豐富、有價值。#PepsiExclusive是透過活動達到宣傳效果，不過你也可以選擇提供獨家優惠方案，甚至提供有趣或特別實用的內容。例如，你可以針對觀眾群的興趣，編寫一份詳盡的流程或步驟指南，並且將內容放在專用的子網站，最後再提供粉絲一組存取碼。如此一來觀眾群會認為，只要回到你的粉絲專頁，就可以獲得獎勵：優質、又免費的內容！
- **善用主題標籤（hashtag）**：主題標籤的跨社群媒體效果十分顯著，不過對於在Facebook已有死忠粉絲群的品牌而言，主題標籤更是有效至極的工具。舉例來說，巧克力醬品牌Nutella在其所有的Facebook內容中，都加入主題標籤#spreadthehappy，這則標籤經常出現在所謂的「比一比」內容中（如「選擇紐約貝果或紐奧良法式長棍麵包？」），粉絲受邀分享照片、影片、食譜時也會使用標籤。換言之，主題標籤有助於快速搜尋，也能達到與粉絲互動、鼓勵粉絲發揮創意的效果。

最佳參考資料：網路行銷企業Moz推出了十分精彩的Facebook行銷初學者指南（http://moz.com/beginners-guide-to-social-media/facebook），而如果需要進階的Facebook行銷策略，JonLoomer.com絕對是最佳去處。

Twitter

Twitter儼然已成為網路世界的官方宣傳工具，那麼該如何讓你的故事在Twitter脫穎而出？請參考下列訣竅：

- **透過推文訴說故事**。用一貫的語氣講述你的產業和品牌故事，每一則推文都必須各有吸引人之處，但最好盡量維持一致的表達風格。
- **善用主題標籤**。每則推文包含二至三個相關的主題標籤，有助於使用者輕鬆搜尋到你的內容。（例如，CMI的年度活動都是使用主題標籤#cmworld。）設計原創的主題標籤並連結特定活動，會是更加有效的策略。
- **利用Twitter進行測試**。以推文發表原創內容之後，詳細記錄哪些內容的分享次數較多，並且利用這些資訊規劃未來的內容製作。
- **報導產業活動**。運用Twitter現場報導重大活動，為觀眾群提供即時資訊，如此一來，你的品牌便能成為未出席觀眾的眼與耳。

最佳參考資料：喬爾・康莫（Joel Comm）的著作《推特力量3.0》（*Twitter Power 3.0*）。

> 自二〇一五年初開始，名為Periscope的APP正快速累積人氣。Periscope是Twitter的旗下服務，可讓使用者輕鬆直播活動或訪談，而且Periscope與Twitter相容，因此粉絲可以得知活動正在進行。

LinkedIn

LinkedIn的功能早已不只是線上公司名錄冊，甚至可能已經成為網路上最具影響力的商業內容發行平台。最初LinkedIn選擇推出「影響力」企劃，也就是各領域的名人可以在LinkedIn發表獨家內容，現在這項功能則是全數用戶都能使用——而且完全免費（圖17.1）。

如果你計畫在LinkedIn發表內容，請參考以下訣竅：

- 釐清你在LinkedIn的目標觀眾群，並且在這個管道發表內容，吸引觀眾向你訂閱內容。
- 善加利用你的個人檔案，在其中加入SlideShare檔案及YouTube影片連結至你的內容資源。
- 檢視工作團隊的個人檔案，確認每位員工都能適切的為公司代言。

最佳參考資料：尼爾．謝弗（Neal Schaffer）的著作《極大化LinkedIn的銷售與社交媒體》（*Maximizing LinkedIn for Sales and Social Media*）。

圖17.1　現在只要擁有LinkedIn帳戶，就可以在平台上發表原創內容。

SlideShare

SlideShare向來以「PowerPoint簡報版的YouTube」聞名，不過自從被LinkedIn收購後，SlideShare又新增了「完整影片內容」這項功能。每個月有六千萬名以上的專業人士造訪SlideShare，發掘優質的投影片檔案。

SlideShare的高級（PRO）功能（現為免費使用）可以在使用者觀看簡報檔時蒐集電子郵件地址，於是這位使用者便自動成為投影片作者的訂閱人。目前，這項功能已經是CMI的第三大訂閱人來源。

最佳參考資料：陶德・惠特蘭的著作《給行銷人的SlideShare指南》（*The Marketer's Guide to SlideShare*）。

Instagram

二〇一四年初Facebook以一千億收購Instagram，而目前Instagram仍是最具影響力的圖像分享社群網站。以下提供兩套善用Instagram的策略：

- **分享獨特、幕後，或是私人內容**。嘗試和觀眾群變得更親近，例如讓粉絲一睹公司的內部工作流程，這種分享方式可以營造幕後與獨家消息的氛圍。
- **讓粉絲成為內容來源**。邀請粉絲提供足以代表公司品牌的圖片作品，並且公開表揚最佳創作者，這類宣示粉絲擁有作品的活動有助於加深雙方關係。

最佳參考資料：伊卡特琳娜．華爾特（Ekaterina Walter）的著作《eye行銷》。

Pinterest

Pinterest是極為熱門的攝影作品分享網站，使用者可以主動管理自己的攝影作品，並且分享他人製作的圖像與影片，目前Pinterest在零售業尤其大受歡迎。想了解你的事業是否適合使用Pinterest嗎？請參考下列建議：

- **踏入Pinterest之前，先考量是否適合你的觀眾群**。Pinterest是以興趣為主的社群，專為十八至三十四歲的女性設計，不過這個社群已經開始向外擴張，如果你的多數觀眾剛好屬於這個群體，Pinterest會是很理想的平台。

- **不限於圖像，影片的效果也一樣出色**（且可以釘選於頁面）。如果你手中有豐富的系列影片內容，不妨利用Pinterest將流量帶回你的網站或YouTube頻道。
- **向顧客致意**。透過展示顧客的出色成果，可以有效加深顧客關係、強調自身成功經驗，並且帶動更多流量，這是少數不需自吹自擂就能展現優勢的方法。
- **分享閱讀清單**。推薦對觀眾群有益的讀物，有助於培養雙方關係。公開你讀過的書籍也能展現你的品牌承諾：永無止境的進步。
- **展現企業特色**。與其發布單一產品圖片或是員工相片，不如用動態攝影呈現產品或工作團隊更有個性的一面。動態相片會讓觀眾群更容易想像自己是顧客或客戶。

最佳參考資料：傑森・邁爾斯（Jason Miles）與凱倫・雷西（Karen Lacey）的著作*Pinterest Power*。

Google+

二〇一五年三月，Google正式宣佈將Google+分為相片與串流影音兩部份，部分人士認為這意謂Google要將Google+改造為完全不同的平台。無論實際上如何，許多企業都認為以積極互動的角度而言，Google+是非常強大的社群媒體網站。

舉例來說，Copyblogger媒體公司近期決定徹底關閉Facebook專頁，並將重心放在以Google+與觀眾群溝通。

總而言之，你必須持續關注Google+的變化（從剛推出時就是如此，Google尚未找到Google+的正確路線）。

最佳參考資料：關注Mashable.com可得知關於Google+的最新消息。

YouTube

我將YouTube列在此處是因為，YouTube確實是社群媒體網站，不過其最大的優勢其實是平台功能，也就是我們先前提到馬修．派翠克和克勞斯．皮格的例子。如果你不選擇使用一般平台，而是透過YouTube分享內容，請先考慮以下事項：

- YouTube是全球第二大搜尋引擎，因此針對尋獲度製作內容絕對是工作重點之一。
- 無論你計畫在YouTube發表何種內容，一定要定期發布，這與其他平台是相同的原理。大多數企業發表內容的時間並不固定，對於培養觀眾群毫無助益。

最佳參考資料：傑森．邁爾斯的著作YouTube Marketing Power。

Vine

Vine主要提供影片分享的服務，使用者可以錄製最長六秒的影音片段。截至二〇一四年八月，每個月有超過一億人次在Vine觀賞影片。

和YouTube一樣，Vine是「內容創業模式」可以善加利用的工具。麥可（Michael Alvarado）與卡蕊莎・艾瓦多（Carissa Alvarado）夫婦所組成的流行民謠樂團Us the Duo，至今已經累積超過四百五十萬名追蹤者，在Vine的重複觀看次數則超過六億，他們因此獲得Republic Records的唱片合約、舉辦國際巡迴演出、近期更推出第二張專輯（圖17.2）。

最佳參考資料：Mashable推出的「Vine初學指南」（The Beginner's Guide to Vine）（http://mashable.com/2013/12/11/vine-beginners-guide/）。

Tumblr

目前為止，Tumblr網站大約已有五億個部落格，成為極具代表性的社群媒

圖17.2　和YouTube一樣，Vine是「內容創業模式」可以善加利用的工具。麥可與卡蕊莎・艾瓦多夫婦所組成的流行民謠樂團Us the Duo，至今已經累積超過四百五十萬名追蹤者，在Vine的重複觀看次數則超過六億，他們因此獲得Republic Records的唱片合約、舉辦國際巡迴演出、近期更推出第二張專輯。

體。以下是善用Tumblr的訣竅：

- 利用標籤（tag）。在內容加上標籤可提升尋獲率，在每份內容加入敘述性的標籤，會大幅增加頁面的曝光度。
- 張貼內容片段。從熱門的部落格文章中擷取一段引人注目的文句，再加上連結與標籤，接著就可以分享這篇預告。其他類型的片段（如相片）也同樣有預告內容的效果，讀者可以在觀看之後再決定是否閱讀全文。
- 經常「轉格」、留言，以及「喜歡」。利用以上功能分享其他Tumblr用戶的內容，如此可以減輕創作內容的負擔，但依然能引起具影響力的人物關注。你也可以透過與他人建立合作關係，吸引更多讀者分享你的原創內容。
- 連結至個人頁面。你在Tumblr所發布的每一份內容，都應該附有個人網頁連結，一旦內容大受歡迎，使用者就可以點選連結回到你的網頁。若沒有附上網站連結，即使你的內容橫掃網路世界，使用者也難以追蹤分享來源。
- 專注於內容領域。內容一定要有明確的市場定位，才能在搜尋結果佔有優勢，同時你應該專注於讓觀眾群更容易尋獲你的內容。

最佳參考資料：「快速指南」（Quick Guide）（Tumblr http://quickguide.tumblr.com/）

Medium

二〇一二年，Twitter共同創辦人伊凡・威廉斯（Evan Williams）推出新的發行網站Medium，旨在提供個人發表觀點的平台，無論身在何處都能以有意義的方式與他人分享。也許Medium稱得上是最適合創作內容的平台，社群也能持續針對內容給予反饋。

我個人對Medium的各個方面都十分滿意，無論是使用者體驗，或是社群互動等等……唯一的缺點是，用戶對其觀眾群幾乎沒有控制權。換言之，如果你想要與一群觀眾分享自身觀點，也想迅速得知觀眾的反應，Medium是最理想的選擇（圖17.3）。

最佳參考資料：分析平台KISSMetrics提供的「Medium行銷指南」（The Marketer's Guide to Medium）（https://blog.kissmetrics.com/marketers-guide-to-medium/）。

Yik Yak與Snapchat

我從未使用過Yik Yak或Snapchat，但我讀過大

M
6. DESIGN FOR HABITS
Meaningful relationships and increased engagement are created by designing content and products that fit into a user's existing and underserved behavior.
BUILT FOR COMMUTERS
Much of WNYC's audience spends time underground commuting so they designed an app that pre-downloads the right amount of content for the trip.
BACK
REFRESH
NOTES
Love this point. So often we see things that are feature led and then companies find a reason or need to simply bolt users on to. User-centric thinking is critical from the get-go so that UX is robust, resilient and resonant with the user.
Leave a note for jim babb

圖17.3　Medium的留言會與內容同步顯示，而不是像一般的部落格顯示在頁面底部。

量的相關文章，也因此認為這兩項服務將會繼續流行一陣子。Yik Yak和Snapchat都可以讓使用者保持匿名（依使用者意願），而隨著越來越多千禧年世代從Facebook出走（這是現況），小孩與年輕人在這兩個社群網站找到歸屬。如果你的內容定位是鎖定年紀較輕的觀眾群，絕對不能錯過這兩個管道。如果要我投資下一個興起的應用程式，我會選擇Snapchat。

社群媒體內容計畫要素

如前所述，為追求最佳成果，你必須針對各個用於傳遞內容的社群媒體管道，一一研擬詳盡的計畫。當然，你可以任意在各管道分享任何內容，但這絕對不是理想的行事方法。

首先，觀察大部分的行銷專家如何利用社群媒體傳遞內容，你會因此獲益良多。目前全球三大社群媒體仍是LinkedIn、Twitter，以及Facebook，後起之秀則包含Pinterest、SlideShare，以及Instagram（圖17.4）。

擬定基本的社群媒體計畫時，先針對各個候選管道回答下列問題。

為達到何種目標而利用社群管道？

選擇在特定管道發表內容，應該要有合理的原因；就「增加追蹤者」的本質而言，這個原因不夠具體，不過「增加在Facebook的粉絲人數，再將流量帶回公司網站，累積更多訂閱人數」就是很具體的原因。重點在於，發表在管道上的內容應該要成為有效的工具，將觀眾群引導至內容

Percentage of Content Marketers Who Use Social Platforms to Distribute Content

	B2B North America	B2C North America	Nonprofit North America	B2B and B2C Austrailia	B2B and B2C UK
LinkedIn	91%	71%	53%	86%	85%
Twitter	85%	80%	69%	79%	89%
Facebook	81%	89%	91%	79%	75%
YouTube	73%	72%	65%	74%	65%
Google+	55%	55%	27%	47%	55%
SlideShare	40%	19%	5%	26%	33%
Pinterest	34%	18%	24%	29%	42%
Instagram	22%	32%	17%	30%	20%
Vimeo	22%	16%	15%	20%	25%
Flickr	16%	18%	22%	15%	21%
StumbleUpon	15%	13%	3%	14%	18%
Foursquare	14%	16%	10%	9%	17%
Tumblr	14%	18%	8%	10%	19%
Vine	14%	13%	5%	13%	17%

圖 17.4　大部分的企業平均使用五至六種社群媒體，作為傳遞內容的管道。
資料來源：2014 CMI 年度研究：http://contentmarketinginstitute.com/research.

型計畫的下一步驟——可以是從Facebook粉絲變為網站訪客、電子報訂閱人、活動參與人，或是任何可以從該平台獲利的方式。

期望觀眾群有何行動？

和上一道問題類似，請思考你希望使用者在社群管道採取什麼行動，分享？留言？造訪你的網站？報名活動？

觀眾期望在社群管道取得什麼類型的內容？

你必須針對各個管道設計內容，因此要考量各管道適合傳遞哪一類訊息，並且製作出足以引起特定觀眾群共鳴的訊息。思考特定管道的觀眾群有哪些資訊需求，而你又能如何滿足這些需求，你主要是發布文字、圖像、還是影片內容？

社群管道適合什麼風格？

考慮各個管道的內容主題及形式時，也應該考量特定管道的整體風格，應該要友善？有趣？口語？或專業？

理想的內容發表頻率為何？

先行判斷各管道的內容發表頻率，是較為聰明的做法。你計畫每天或每週發表幾篇貼文？一天中最佳的時間點為何？例如，發布或回應Twitter推文、更新Facebook動態，或是推出新的SlideShare檔案，都應該有各自的步調。我們的工作團隊發現最合適CMI的頻率是：一天在Facebook發文一、二次；全天觀察Twitter動態；每天花費部分時間經營LinkedIn。不過每間企業都有所差異，因此你需要投入一點時間規劃最適合你和顧客的時程表。

重要訣竅：規劃社群媒體內容時，讓目標主導你的決策。舉例來說，假設你的內容型計畫目標是增加電子報訂閱人，那麼在Facebook和Twitter公開所有的部落格文章，會是理想策略嗎？如果讀者定期造訪社群管道就可以取得相同資訊，為何要需要訂閱你的電子報？思考該如何針對社群網站修改和重製內容，既可以達到社群管道的計畫目標，又不會背離整體商業目標。

CMI實例

CMI在過去八年持續成長，而我們的社群媒體曝光率也隨之成長。初期，我們的確是有點毫無章法，不過數年來，CMI發展出一套更有策略的計畫，並且以此為原則制定內容行銷流程。CMI行銷總監凱西・麥菲力普以及社群經理莫妮娜・華格納，針對公司主要的社群管道，採用以下的方式製作並傳播內容：

Twitter

CMI每天都積極經營Twitter，不僅從我們的社群取材、分享合作夥伴的想法，也會宣傳原創內容。不過，我們最熱衷的Twitter活動是每週的#CMWorld聊天室（美東時間每週二中午），CMI從二〇〇三年夏季開始這項企劃，原意是宣傳年度活動內容行銷世界研討會的主題以及講者，但活動實在太成功，於是社群成員建議CMI全年無休的主持聊天室。無論是即時通訊過程中或是其他時間，Twitter都對CMI有極大幫助，我們不僅成功聚集具有影響力的人物組成社群，也培養出值得信賴的人際網。而就許多層面而言，這個社群引導了CMI的努力方向，例如每日部落格文章，甚至是內容行銷世界研討會的部分環節與主題。

LinkedIn

CMI經營LinkedIn的策略著重於討論產業趨勢，對象則是CMI的LinkedIn社團群組成員，我們發現，這個群組對於生涯規劃和內容行銷策略相關內容較有興趣（請見圖17.5）。同時，我們也會在群組討論一些研擬中的想法，例如我們的雜誌內容或是現場活動主題。就成果而言，這個群組協助CMI測試市場需求並微調部分計畫。除此之外，由於我們積極在這個社團群組中彙整多方文章，成員相信出現在群組中的內容都經過CMI審查，我們也因此保有一定地位：受信賴的內容行銷資訊來源。

Facebook

我們偏好在這個管道分享CMI有趣的一面（畢竟這就是Facebook的宗旨）。我們每週會在Facebook談論新聞、活動，以及一則新的內容行銷實例，也會分享令人振奮的新聞，公告CMI內部相關事項。我們的工作團隊十分有趣，所以我們因此有機會展現自身個性。而透過每週分享內容行銷實例，我們有機會報導其他品牌的出色成果，讓觀眾了解他人的工作內容，並且進一步產生「我也可以做到」的想法。另外，CMI每週會發表一篇激勵圖文，嘗試鼓勵觀眾群（另一種重製部落格舊文章的好方法）（請見圖17.6）。

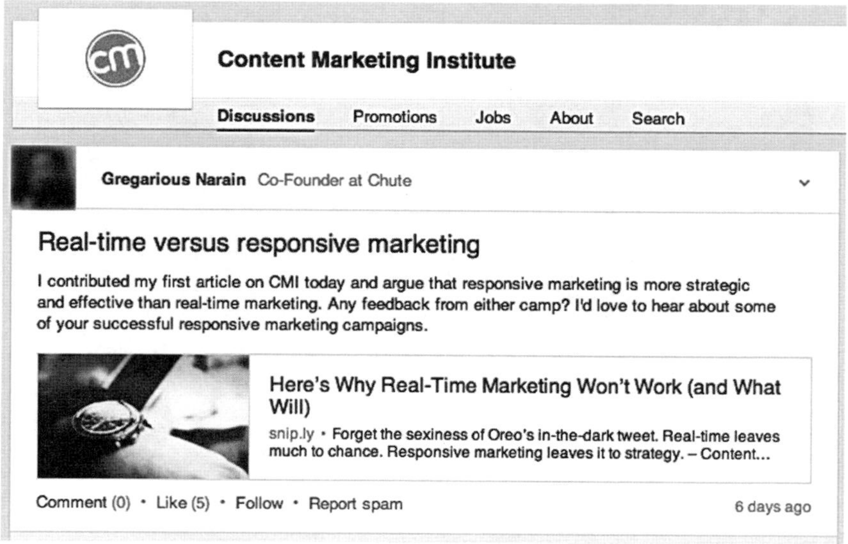
Content Marketing Institute
Discussions
Promotions
Jobs
About
Search
Gregarious Narain Co-Founder at Chute
Real-time versus responsive marketing
I contributed my first article on CMI today and argue that responsive marketing is more strategic and effective than real-time marketing. Any feedback from either camp? I'd love to hear about some of your successful responsive marketing campaigns.
Here's Why Real-Time Marketing Won't Work (and What Will)
snip.ly • Forget the sexiness of Oreo's in-the-dark tweet. Real-time leaves much to chance. Responsive marketing leaves it to strategy. – Content...
Comment (0) • Like (5) • Follow • Report spam
6 days ago

圖17.5　LinkedIn近期改變內容宣傳模式，企業的原創內容會因此受到更多關注。

圖17.6　CMI引用高階員工的文句、以圖像形式呈現、並且每週一次發表在Facebook上。

SlideShare

CMI的目標是每個月推出三至四份新的SlideShare簡報檔。我們會長期追蹤哪些簡報帶來的觀看次數和潛在顧客最多，這是十分有趣的工作，另外我們也會配合內容行銷策略整合不同的簡報，同時確保簡報內容依然有趣且吸引人。由於CMI大多數的內容都是完全開放，將簡報檔發表在SlideShare之後，社群成員幾乎可以瀏覽和參考所有的CMI內容——我們的唯一要求就只是顧客有意下載內容時，先登記電子郵件地址（這是CMI增加電子報訂閱人數的重要來源）。CMI在SlideShare分享的長篇幅內容，增加了不少訂閱人數，因為這類簡報較適合下載後參考或列印，短篇幅和活潑生動的簡報則比較容易在社群媒體上分享，也較能有效吸引新的追蹤者。

「內容創業模式」觀點

- 你不需要活躍於每一個社群管道，初期只需選擇最適合的一至三個管道（也就是觀眾群聚集之處）投入資源經營即可。
- 沒錯，我們希望在社群管道累積數位足跡、培養觀眾群，但切記，最終目的仍是盡可能增加電子郵件訂閱人數。
- 大部分的企業對於在社群媒體傳播內容毫無計畫，只是心血來潮就著手開始。重視社群管道的程度不應該低於其他宣傳管道。

Britt Klontz, "How to Keep Facebook viable as a Content Marketing Platform," ContentMarketingInstitute.com, accessed April 28, 2015, http://content marketinginstitute.com/2014/05/keep-facebook-viable-content-marketing -platform/.

Maeve Duggan, Nicole Ellison, Cliff Lampe, Amanda Lenhart, and Mary Madden, "Demographics of Key Social Networking Platforms." PewInternet .org, accessed April 28, 2015, http://www.pewinternet.org/2015/01/09/demographics-of-key-social-networking-platforms-2/.

Seth Fiegerman, "Why Google+ Is Splitting into Photos and Streams," Mashable.com, accessed April 28, 2015, http://mashable.com/2015/03/02/google-plus-changes/.

Craig Smith, "25 Amazing vine Statistics," expandedramblings.com, accessed April 28, 2015, http://expandedramblings.com/index.php/vine-statistics/.

Jon Swartz, "Twitter co-founder Evan Williams has plans for Medium," usatoday.com, accessed April 28, 2015, http://www.usatoday.com/story/tech/2014/12/19/evan-williams-medium-co-founder-twitter-instagram/20320963/.

Jim Babb, "9 Ways the Most Innovative Media Organizations Are Growing," medium.com, accessed April 28, 2015, https://medium.com/@jimbabb/9-ways-the-most-innovative-media-organizations-are-growing-5ac50d7457d5.

Business Insider, "The 30 Most Popular Vine Stars in the World," business insider.com, accessed April 28, 2015, http://www.businessinsider.com/most-popular-vine-stars-2014-12#22-us-the-duo-9.

第六部　管道多樣化

多元發展不是壞事。

——————————— 馮・迪索（Vin Diesel）

「內容創業模式」成形之後，你開始爭取到新的訂閱人和忠誠的觀眾群。此時就是多元發展內容資產，並且成為業界意見領袖的時刻。

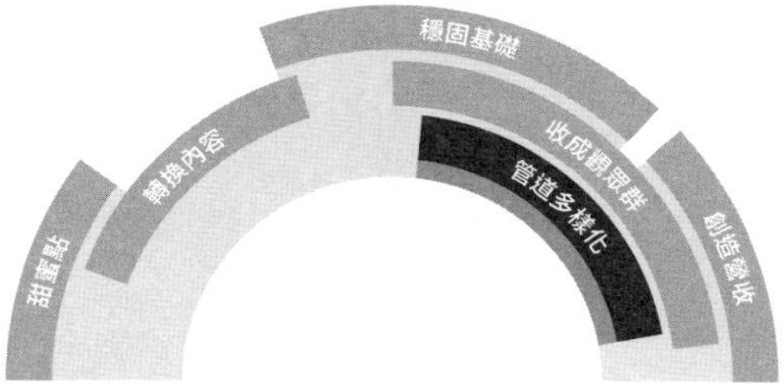

第十八章
三加三模式

> 生而知之者，上也；學而知之者，次也；困而學之者，又其次也；困而不學，民斯為下矣！
>
> ——孔子

隨著觀眾群漸漸成長，「內容創業模式」也該邁入下一階段。透過「內容創業模式」的相關訪談，我們發現所謂的成功模式有趨勢、一致性，以及驚人的重疊之處，我稱之為「三加三」模式。第一組「三步驟」是從個人層面著手。

個人層面：規劃第一組「三步驟」

以下說明模仿益智遊戲節目《危險邊緣》的風格*：

* 在《危險邊緣》中，所謂的「答案」其實是各種線索，參賽者須根據線索，以「問題」形式作出回答。

問題：若創業家想成功打造個人品牌，最重要的三項策略為何？

答案：部落格、書籍、演說。

依我的個人經驗，經營部落格、出書，以及透過公開演說宣揚想法，是發展個人品牌最有效的三大策略，這些策略都曾為我創造出超乎想像的商業機會。

然而不只是我，傑伊．貝爾、安．漢德利、馬可斯．謝里登、蜜雪兒．潘、安．雷爾頓等人，還有全球眾多成功的思想領袖如麥克．海亞特和東尼．羅賓斯（Tony Robbins），全都是採用這套策略。上述每一位創業家皆是利用相同的成功公式，因此我們接著要一一分析這則公式。

- **部落格**。這種網路空間提供使用者定期發表各類故事的機會，觀眾群可以共享這個空間，因此部落格的觸及率較高。大多數的「內容創業模式」都是選擇部落格作為主要平台。
- **書籍**。書籍可說是史上最亮眼的名片，等同於以實體形式呈現你的人生故事。如果有人詢問你的專業，拿出自己的著作就對了。
- **演說**。部落格和書籍會帶來公開演說的機會，來自全球的研討會主辦單位將主動聯絡你，希望你就自身領域提供專業觀點。換句話說，你可以在全新的觀眾群面前分享想法（意即接收觀眾群！），還能因此得到報酬。

先前我們已經討論過如何打造部落格平台，因此下文會說明如何落實另外兩種策略：出書與公開演說。

出書八步驟

二〇一〇年，全球有超過兩百萬本書籍出版（其中有三十萬本以上在美國出版），不過僅有少數人可以透過出書獲利，所以不如抱持這項觀念：如果「內容創業模式」成功，就可以銷售計畫內的商品或服務創造營收，而不是直接從賣書獲利；出書的真正目標是拓展商業機會。

寫作足以影響業界和事業的書籍絕對稱不上簡單，不過我可以提供一些經驗之談（出版四本書的經驗），幫助你順利出書：

一、落實「深度」內容查核

你可能已經擁有十分豐富的寫作材料，可以直接進行重製，或者至少蒐集一些內容，可以初步彙整成數個重要章節。這項工作一定要及早完成，才能有效檢視既有的內容素材。

重點：請勿小看此步驟。大多數人都是從零開始寫書，但如果能夠確實完成事前作業，現有的內容素材就可以幫助你取得起步優勢。

二、善用部落格

以我出版的四本書（包含本書）而言，每本書的許多素材、想法，以及內容，都是源自現有的部落格文章，例如認真經營部落格六個月，很有可能就累積了半本書的內容。儘管寫書並不簡單，但也許你已經擁有不少可編寫成書的內容材料。

重點：「部落格成書」策略可以發揮十分驚人的效果。在創作部落格內容的同時，可以將寫書的架構納入考量，開始規劃書中章節，部落格就是兩者之間的橋樑。

三、共同創作

你有沒有一些主要的合作夥伴，既處於非競爭關係，又和你有相同的目標願景和客群？如果有，不妨考慮和他們討論合作出書的想法。合作出書的另一項優勢，是在宣傳期間可以同時利用雙方的人際網。

二〇〇七年在一次通話中，我得知努特．巴瑞特（Newt Barrett）打算寫一本關於內容行銷的書，正好和我的計畫相同。又經過幾次通話後，我們一致認為合作出書比較理想，於是在二〇〇八年，《內容行銷塞爆你的購物車》便以共同寫作的形式誕生。

重點：你未必需要獨自出書，你可能有不少合作夥伴，會因為與你合作寫書而獲得其他益處（而且他們也許有可利用的內容資產）。

四、爭取資金

我的第一本著作《內容行銷塞爆你的購物車》是以自費出版，後來才由美商麥格羅・希爾買下版權。出版這本書的事前投資，都在書籍大批銷售給合作企業後回收，出書的預付支出也因此大致打平。

前Salesforce.com行銷副總裁傑夫・羅爾斯，現為Yext行銷執行長，當初在寫作《閱聽者》（*Audience*）一書時，他很快發現這個主題是公司高層深感興趣的領域，也因為如此，Salesforce提供協助讓傑夫的著作出版上市。

重點：在你的產業中，也許有相關人士對你正在寫作的書感興趣，在合理情況下，及早接觸這些對象可能有機會獲得資助。

如果你計畫自費出書，不妨嘗試Amazon的CreateSpace或Lightning Source等服務，兩者皆是協助客戶按量印刷。而如果你願意委託出版商，Advantage Media是不錯的選擇，儘管價格高於自行印刷，但出版商會負責完整的出版流程，如有需要，行銷計畫也能一併完成。

五、釐清目標——著作如何滿足讀者需求

務必要思考清楚你的讀者可以從書中獲得什麼，列出這些目標後貼在牆上，在寫書過程中時時提醒自己。許多作家只專注於自己想表達的想法，並不重視讀者的興趣。

重點：由小範圍到大範圍。寫書時應該專注於你的內容定位，因為在這個領域，你就是首屈一指的專家。

六、納入具有影響力的實例

如果有機會，可以在書中加入業界具有影響力的人物實例，或是合作夥伴的成功經驗，只要是優質內容即可。書中提及越多人物，獲外界分享的機會就越多。

重點：請跟著我複誦一遍……我不該獨立完成整本書。希望被寫入書中的人物絕對多得超乎你想像，而他們也會願意將自己的內容授權給你（不妨觀察本書收錄了幾篇客座文章）。此外，如果書中內容包含他人的經驗故事，這些故事主角會更樂意與朋友及同僚分享你的著作。

七、考慮代筆

無論你相不相信，你欣賞的作家可能有許多作品是由他人代筆，非常難以置信，對吧？但這就是現實。市場上最熱門的代筆作家基本酬勞是五萬美金，視工作內容再向上加。如果你真的沒

有時間親自寫作，或是苦無資源完成整本書，可以考慮聘請代筆。

重點：你可能因為技術或時間不足而無法順利出書，不過市場上有些優秀人才可以協助你解決問題。

八、尋求編輯作業協助

作家理應避免編輯自己的作品；如果你希望寫出引以為傲的專業作品，就必須找到合適的審稿人與編輯，願意針對全書內容以及風格提供誠實的意見。

重點：至少需要兩名編輯，一名負責寫作過程中的審稿作業，另一名則負責最終文稿。

出版提案要點

- 書名頁。需包含圖片設計以及聯絡資訊。
- 概念簡介。指出問題並強調書中內容的重要性。
- 概念摘要。以吸引人的方式概述全書，並提出幾點讀者可從書中得知的重要觀念。章節大綱範例。盡可能呈現完整的規劃。

- **作者簡介**。詳細介紹自己的生平經歷，並且說明具備資格寫作這本書的原因。
- **作者背景**。說明自己如何達到此刻的人生階段。
- **書籍行銷**。列出自己擁有的全部行銷資源，在各管道有多少聯絡人？有多少名電子郵件聯絡人？是否有近期的演說活動？是否與商業團體有任何合作關係？這是整份提案中最關鍵的環節，因為出版商會希望了解可能的銷售量。
- **觀眾群**。說明此書的觀眾群，以及出版後可以滿足哪些內容需求。
- **競爭情況**。列出競爭力最相近的書籍。
- **全書簡介**。盡量在提案中加入此環節。

整體而言，這份提案的篇幅應介於十至十五頁之間。

出書不只是「錦上添花」的策略，而是足以扭轉情勢的關鍵。一本出版著作可以帶來許多超乎想像的機會，而現在就是實現遠大計畫的時刻。

獲得演說邀約的最佳方法

二〇〇八年中，我仍在努力經營部落格平台和培養忠實觀眾。當時我和努特・巴瑞特剛推出自費出版的著作（利用Lightning Source的印刷服務）《內容行銷塞爆你的購物車》，不久後我就收到一封來自比利時、極具吸引力的電子郵件。

寄件人是比利時的大型出版公司，信中表示公司將在布魯塞爾為顧客舉辦大型活動，詢問我是否能夠出席發表演說，而且該公司願意支付機票費用、所有開銷、以及一小筆報酬。為何機會從天而降？因為我有部落格和著作。

現在我很清楚，沒有出色的部落格、完善的著作、吸引人的演說，幾乎不可能成為業界的思想領袖。沒錯，前兩項確實重要，但唯有成為演說場合的常客，才算是真正的成功。當你定期接受演講邀約，眾人會開始談論你、分享你的想法，並且積極與你合作，這就是夢想成真的時刻。

> 除非你正式出版著作，否則許多研討會主辦單位完全不會將你視為候選講者。

如果你認為公開演說可以為你的內容型計畫帶來轉機，請參考下列有助於爭取演說邀約的最佳方法。

回歸部落格：證明專業

如果有人請你證明自己的專業，你會如何證明？也許你得過一些獎項？也許請他人作證？這些方法當然都不錯，卻不是最適合現代社會的做法，畢竟現在所有資訊都可以由網路取得。當我主辦研討會，需要尋找最理想的講者時，我一定會先造訪候選講者的部落格。定期更新的部落格呈現出作者對這個產業的付出與熱情，此外，只要經過精心設計，部落格可以立即展現作者的專業領域。換句話說，如果你的部落格充斥著五花八門的主題，可能會危及專業形象，因此務必要專注在你的本業，也就是讓你成為該領域第一把交椅的專業能力。

影片實例

在籌備二〇一五年的內容行銷世界研討會活動時，我們收到五百份以上的演講報名資料。我第一時間就刪掉將近兩百份資料，因為這些候選人沒有附上過去的演講活動連結，也沒有彙整演講邀約記錄。

以大多數的研討會主辦單位而言，在不清楚講者的演說能力的情形下，絕對不會輕易邀請講者出席。換言之，如果負責遴選講者的委員會從未見過你演說，而你也沒有提供合適的實例證明演講實力，恐怕難以獲得演說機會。

若沒有公開演說的經驗，先嘗試錄製一段演講影片，即使是經過剪輯的影片，至少也可以說服觀眾你有能力面對攝影機。

安德魯・戴維斯的其中一個網站*專門發表演說內容，在眾多影片中，有一則甚至明確指出一場好演講應具備的條件，還有一則影片意在自我推銷宣傳活動的能力。

培養魅力

你必須獨具一格才能從眾候選講者中脫穎而出，為什麼該選擇你？你有何特殊之處？以下幾個想法可供你參考：

- **選擇代表色。**我選擇橘色代表自己，每次出席演講活動，我都會穿戴橘色的衣物，例如襯衫、西裝、鞋子、胸袋巾等等，我甚至有一個專門擺放橘色衣物的衣櫃，而我的觀眾也會對我有相同的期待。社群媒體專家瑪莉·史密斯選擇的代表色是青綠色（圖18.1），她甚至會在演說開始前佈置舞台。如果你對代表色沒什麼興趣，也可以嘗試選擇特定的主題或裝扮。
- **電梯簡報**[**]。你可以迅速說明自己的演說主題嗎？是關於「個性內向的人如何建立人脈？」或是「金融公司如何不仰賴廣告持續成長？」千萬不要說自己可以針對任何主題演講……這表示你根本毫無專長可言。請根據自己的內容定位仔細修正「電梯簡報」。

專注於目標清單

* http://www.akadrewdavis.com/

** 原文為Elevator Pitch，原意是利用大人物搭電梯的時間闡述自身想法，後衍生為在短時間內自我推銷。

圖18.1　Facebook專家瑪莉・史密斯利用對單一色彩的喜愛，打造鮮明的個人形象。

我聽過太多想成為專業講者的人表示，希望能獲得更多演說機會，不過當我問：「你想要在哪些重要場合發表演講？」對方卻看起來像背不出聖經的樣子。

如果你對想登上的舞台沒有一個清晰的願景，就是企圖心不夠強烈。請參考以下做法：

- **列出屬於自己的願望清單。**清單至少要有十場目標顧客會參與的活動，你需要查詢各場活動的講者報名截止日期，並且依此規劃時程表。
- **利用官方管道聯繫各主辦單位。**(避免寄送不合規定的電子郵件，這是主辦單位的地雷。)清楚表達你的演說規劃(演說可以安排在哪個環節、演說內容適合這場活動的原因、演說長度），並且附上你的演講影片連結。主辦單位最無法接受不確定的情況，所以你的資訊一定要非常明確，避免任何的模糊空間。

- **預先說明合作條件。**如果你希望對支付旅行開銷，務必在此時提出，以避免事後爭議。你可能會因此無法獲得在某些場合演講的機會，不過既然這是你的條件，就要堅持到底。

第二組「三步驟」：企業層面

現在我們要將重點放在三加三模式的第二部分，相較於涉及個人層面的第一組「三步驟」，第二組「三步驟」：數位、印刷、現場，則是屬於企業層面的工作（請見圖18.2）。

首先我們要觀察一些你可能聽過的知名媒體品牌：

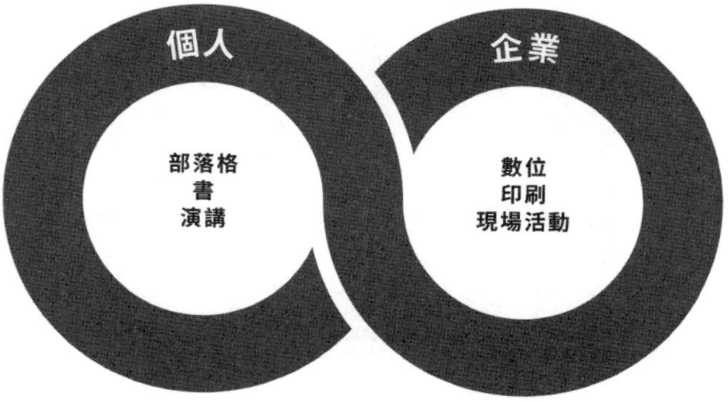

圖18.2　以圖像形式呈現三加三模式。

- **ESPN**。擁有多個數位、紙本雜誌資產，也主辦不少現場活動。
- **富比士**。擁有多個數位、紙本雜誌資產，也主辦不少現場活動。
- **《企業》雜誌**。擁有多個數位、紙本雜誌資產，也主辦不少現場活動。

身為專業的發行人，我向來篤信發行有三大支柱：數位、印刷、現場活動。這是三大主要管道，而如果你想成為市場定位中真正的資訊龍頭（如上述的三個品牌），三者缺一不可，這正是為何CMI聯合主要平台（部落格）推出紙本雜誌，也主辦現場活動。

隨著你漸漸熟悉觀眾群的行為，應該會發現一種模式：越是利用不同方式吸引觀眾經常與你的內容互動，觀眾群就越有可能因為你而消費。

CMI的主要營收來源是主辦內容行銷世界研討會。因此我們必須善用宣傳方式，盡可能提升觀眾群親自參加活動的機率。

內容行銷二〇一四世界研討會結束後，我們詢問參加者是從哪些管道接觸CMI，真正的答案令我們大吃一驚：付費參與活動的觀眾，有八成長期關注至少三種CMI的宣傳管道（圖18.3）。

這正是為何「內容創業模式」的多樣化階段——也就是開始在各個管道累積內容資產，是非常關鍵的步驟。由於本書已經大篇幅的詳盡介紹數位管道，接下來我們會直接討論印刷及現場活動。

印刷品的契機

根據CMI與MarketingProfs二〇一五年合作的研究結果，僅有三分之一的行銷從業人員會利用印刷管道，並納入內容行銷策略的一環。現今的行銷人員實在太執著於數位管道，導致他們徹底遺忘了印刷品的力量。

難道我想強調的是，應該將印刷視為新的機會，用以吸引和留住觀眾群的注意力？沒錯，這就是我的想法。我認為現在正是有史以來，最適合品牌利用印刷管道的時機。

我並不建議加入一般廣泛、水平的印刷市場競爭（例如模仿《今日美國報》（*USA Today*）），極為小眾、目標極為明確的出版品，才是正在蓬勃發展的行銷工具。舉例來說，美國券商TD Ameritrade的旗下雜

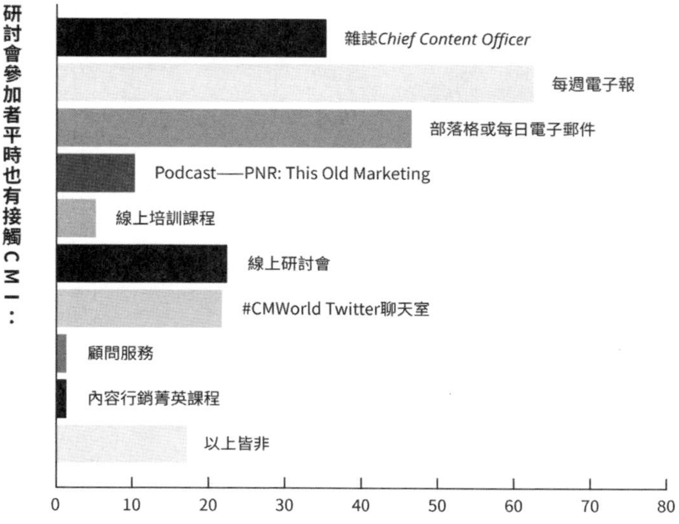

圖18.3　CMI發現，付費參與研討會的觀眾群，長年來都有參與其他多個內容計畫。

誌*Think Money*，有九成讀者會直接購買透過紙本雜誌銷售的產品。而*Think Money*本身就是集精美設計與深度資訊於大成的讀物，也正是交易員觀眾群最需要的內容類型，不僅如此，由於交易員成天坐在電腦前，他們十分樂於以遠離網路的方式吸收新知。

最振奮人心的發現是：相較於沒有定期閱讀習慣的交易員，定期閱讀*Think Money*的訂閱人交易次數高出五倍。現在，這份雜誌肯定能通過預算審核。

印刷已死？

數位趨勢專家預測，大部分的印刷媒體會在未來十年內消失。我則認為抱持這類觀點的人不懂歷史；只要在Google輸入「電視已死」，就會找到數百篇預測電視末日的文章，然而，就算將現在稱為電視的黃金時代也不為過：《紙牌屋》、《陰屍路》，和《權利遊戲》等出色的影集正引領潮流。

網路的進化並不會導致其他管道滅亡，反而是我們應該以不同角度看待這些管道，因為消費者運用管道的方式已經與過去大不相同。

就在近期，線上租房服務Airbnb推出名為Pineapple（全球通用的「好客」象徵）的顧客雜誌。此外，數位計程車服務Uber針對旗下駕駛推出雜誌Momentum。隨著全球大多數的新創公司踏入印刷市場，是時候關注這股趨勢了。

以下是你應該考慮利用印刷管道的理由。

吸引力

你有注意到這些年來，信箱內的雜誌和紙本通訊越來越少嗎？至少以我個人而言，印刷郵件比較能引起我的注意，信件數量減少，每一份來信所分得的關注程度反而增加（其實我很期待在辦公室收到《企業》雜誌）。機會在何處？市場上已經有Newsweek、SmartMoney等傳統雜誌以及其他停刊的讀物，顯然各品牌有大好機會填補空缺。

顧客需要知道如何提出正確問題

我們之所以熱愛網路，是因為消費者幾乎可以找到所有問題的答案，但是我們要從何得知自己該問什麼問題？最近我和一位出版人聊天時，他說：「網路是尋找答案的地方，而印刷品則是提出問題的地方。」

當你需要跳脫框架思考，或是在閱讀後深刻反思時，目前印刷品仍是世界上無可取代的媒介——這正是「被動接收」（lean back）與「主動吸收」（lean forward）資訊的差異。如果你想挑戰顧客的底限，推出印刷刊物會是可行的做法。

印刷品依舊能激起興趣

一位新聞撰稿人曾和我說，現在越來越難讓觀眾接受源自網路的故事報導，反而是印刷形式的專文才能說服大眾，而主管階層也開始調整閱讀優先順序。對許多人而言，印刷文字仍然比任何網路資訊具有公信力，就如同這句老話所說：「如果有人願意投資大筆鈔票印刷和郵寄這份資訊，想必是很重要的資訊。」

我在CMI推出的雜誌《內容長》（*Chief Content Officer*）就親眼觀察到這種現象。撰稿人當然想以專題文章的形式登上網站，不過他們更渴望將自己的文章登上紙本雜誌。從撰文的貢獻程度而言，印刷品和網路管道兩者帶給人的觀感差異之大令人吃驚，而這個道理也同樣適用於消費者。

印刷品有助於擺脫網路

大眾越來越主動的選擇擺脫網路，或是避開數位媒體。我也發現自己更頻繁的關閉手機和電子郵件功能，專心閱讀印刷讀物；現在當我無法透過網路聯繫，反而會更能享受這段空白時間。

如果我的判斷正確，你的許多顧客（尤其是忙碌的主管階層）應該也有同感，因此印刷形式的溝通可能正好符合他們的需求。

社交人際網需要現場活動

二〇〇〇年代中期，我在奔騰媒體參與了一場行政會議，主題是如何安排公司的活動組合。當時的隱憂是越來越多觀眾仰賴網路溝通，透過社群媒體交流的人數也大幅增加，因此對於研討會和現場活動的需求可能會減少。

天啊，當時我們真是大錯特錯！

目前，現場活動與研討會的數量仍持續成長，隨著需要拓展人脈的人數漸增，面對面互動的需求也隨之增加。

請思考下列問題：

- 你的內容市場定位是否有專屬活動？
- 承上題，如果有，是否有機會專為觀眾群中的部分成員舉辦小型活動。

接著，我們要觀察CMI的活動組合：

- 內容行銷世界研討會稱得上是業界盛事，有許多針對不同行銷人員和企業主的活動主題，每年吸引約四千名業界代表參與。
- 智慧內容大會則是CMI在美國西岸舉辦的活動，專門針對更具專業知識的行銷人員與內容策略專家，每年吸引約四百名業界代表參與。
- CMI執行論壇（CMI Executive Forum）是採邀請制的活動，對象主要是關心內容行銷的高階主管，每年吸引約四十名業界代表參與。

SME執行長麥可．施特茨納在二〇一二年將現場活動加入自己的內容型計畫；Copyblogger Media創辦人布萊恩．克拉克是於二〇一四年開始舉辦活動；Moz執行長蘭德．費舍金則是已經推行名為Mozcon的活動多年。

你所設計的研討會可以是小型、中型，或大型，但務必要重視你的觀眾群有現場互動交流的強烈需求，同時你也需要藉此穩固自己在產業的領導地位。

數位活動

儘管現場活動的效果非凡，你可能會想要利用數位活動先試試水溫。ON24以及GoToWebinar等公司都有提供線上研討會和虛擬貿易展技術，費用相對較低，流程作業也較容易規劃。

・・・

全球最成功的新、舊媒體公司都是從單一傳播管道起步，而隨著組織成長，各家公司開始將觸角延伸至數位、現場活動，以及印刷管道，讓讀者隨時隨地感受到「對內容的熱愛」。你可以把握機會，分別從個人和企業層面著手，推動屬於你的「內容創業模式」。

「內容創業模式」觀點

- 開始多樣化發展傳播平台時，千萬別忽略隱藏在數位世界之外的機會。全球最大的媒體品牌不侷限於數位管道，而是同時善用現場活動和印刷管道。

- 真正成功的內容型創業家會將重心放在經營部落格、出書，以及公開演說，結合三者將會使你的「內容創業模式」脫胎換骨。

參考資料

- Neha Jewalikar, "Are Social Media and Content Marketing the Same?" radius.com, accessed April 28, 2015, http://radius.com/2014/10/27/content-marketing-social-media-interview-joe-pulizzi-cmi/.
- Statistica, "Facts on Trade Show Marketing in the United States," statistica.com, accessed April 28, 2015, http://www.statista.com/topics/1498/trade-show-marketing/.

第十九章 拓展平台

沒有持續的成長、進步，改善、功績、成就這類詞彙便毫無意義可言。

——班傑明．富蘭克林

安迪．施奈德（「雞的悄悄話」創辦人）最初的傳播平台，就是舉辦現場聚會（每個月與位在亞特蘭大的觀眾群聚會）以及住家集會。之後的平台則改成大受歡迎的廣播節目「與『雞的悄悄話』一起在後院養雞」（Backyard Poultry with the Chicken Whisperer），目前已經是五年以上的長壽節目。安迪隨後又發表新書《「雞的悄悄話」養雞指南》（*The Chicken Whisperer's Guide to Keeping Chickens*），推出紙本雜誌《「雞的悄悄話」雜誌》（*Chicken Whisperer Magazine*），訂閱戶共計六萬人。

史考特．麥卡費迪（Scott McCafferty）與麥可．埃米希（Mike Emich）創立媒體公司WTWH Media時，只有經營單一平台Design World網站，是針對機械工程師推出的必備線上產品資源。不久之後，Design World雜誌（紙本）正式上市，接著WTWH也開始主辦顧客活動以及專為機械工程師設計的產業活動。

不過這也只是起步而已，史考特和麥可現在又額外推出數個平台，踏入可再生能源、流體傳動，以及醫療設計等相關產業（圖19.1）。目前，WTWH已有超過一百萬名登錄使用者，在十年內從默默無聞的小公司，搖身一變成為價值一千一百萬美元的大企業。

選擇正確的拓展方向

向外拓展平台主要有兩種方式：

- 在同一平台內增加傳播管道。舉例來說，馬修．派翠克的品牌「遊戲理論」計畫推出不同的節目，鎖定不同的觀眾群，但還是會選在YouTube的平台公開。達倫．勞斯創辦的數位攝影學院則是創建名為Snappin Deals的子網站，等同於是原有網站平台的分支。
- 以現有品牌開發新平台。安迪．施奈德就是典型的範例，他的宣傳平台從現場聚會轉變為廣播節目、書籍，以及雜誌。

在標準的「內容創業模式」，準備工作包含建立一個線上平台（網站或部落格），還有提供電子報服務以累積訂閱人數。以此為基礎，「內容創業模式」中最常見的品牌拓展方式如下：

- 書籍
- Podcast

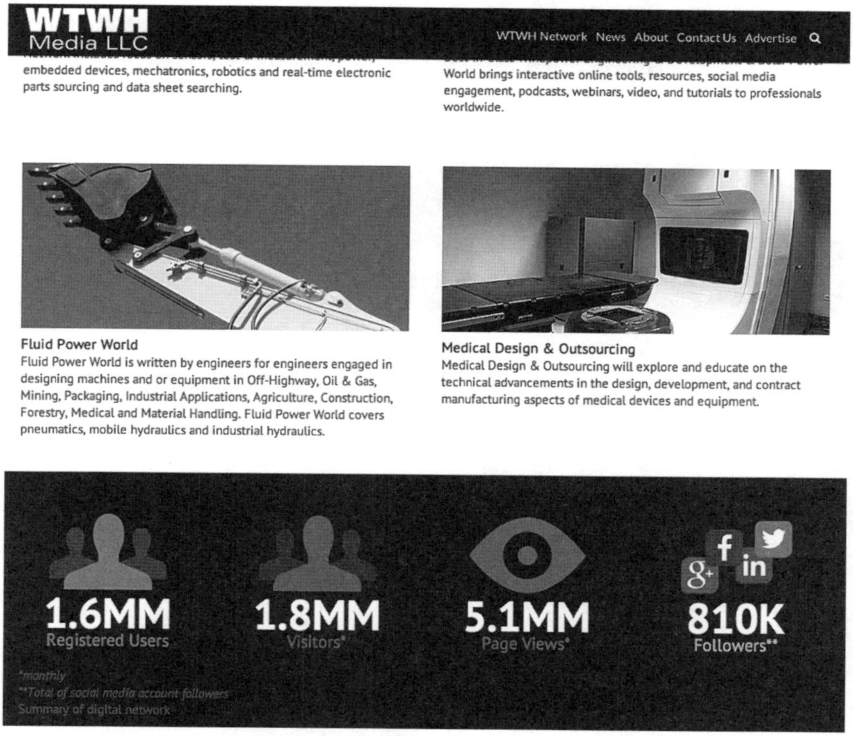
WTWH
Media LLC
WTWH Network News About Contact Us Advertise
embedded devices, mechatronics, robotics and real-time electronic parts sourcing and data sheet searching.
World brings interactive online tools, resources, social media engagement, podcasts, webinars, video, and tutorials to professionals worldwide.
Fluid Power World
Fluid Power World is written by engineers for engineers engaged in designing machines and or equipment in Off-Highway, Oil & Gas, Mining, Packaging, Industrial Applications, Agriculture, Construction, Forestry, Medical and Material Handling. Fluid Power World covers pneumatics, mobile hydraulics and industrial hydraulics.
Medical Design & Outsourcing
Medical Design & Outsourcing will explore and educate on the technical advancements in the design, development, and contract manufacturing aspects of medical devices and equipment.
1.6MM
Registered Users
1.8MM
Visitors*
5.1MM
Page Views*
810K
Followers**
*monthly
**Total of social media account followers
Summary of digital network

圖19.1　媒體公司WTWH Media的設計工程師用戶已達到一百萬人以上，該公司透過數次收購達到現有的規模。

- 現場活動
- 雜誌

CMI的策略是把品牌拓展至上列全數四種平台，下文將一一說明。

書籍

第十八章提到出書對塑造個人品牌的重要性，同時也是創造潛在商業機會的重要一環。CMI會協助員工以自身的核心專業領域（圖19.2）出版書籍，例如，除了我本人的著作（如《史詩內容行銷》）之外，策略執行長羅伯特．羅斯近期也推出新作《經驗：行銷的第七個紀元》。不僅如此，CMI也會與業界具有影響力的人士合作，贊助並宣傳這些合作對象的著作，像是安德魯．戴維斯的《品牌聯合》以及陶德．惠特蘭的《給行銷人的Slide Share指南》。

Podcast

CMI於二〇一三年十一月推出第一檔Podcast節目，名

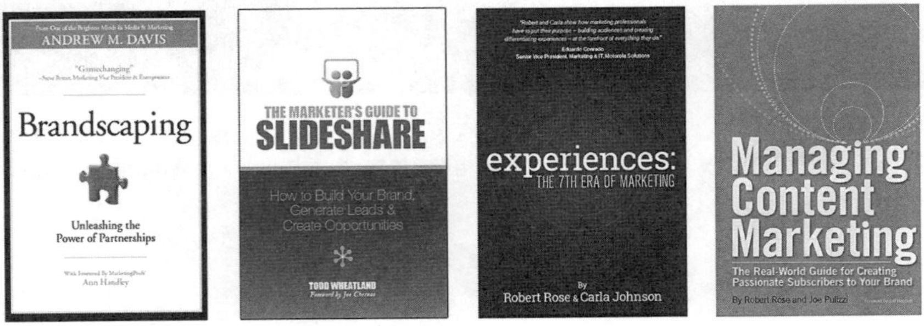

圖19.2　CMI近期出版的書籍實例。

稱是「PNR：這個舊式行銷法」（PNR: This Old Marketing），由我和羅伯特・羅斯一起彙整一週的內容行銷新聞。由於CMI原本並沒有提供新聞服務，所以這個平台拓展策略十分合理，我們認為CMI的觀眾群確實需要這類資訊。每集節目播出後會在當週重製為部落格文章，並且附上節目紀錄，我們也會將節目內容彙整成電子書發送給訂閱人。

奠基於「PNR：這個舊式行銷法」的成功，CMI推出Podcast聯播網服務，新增更多Podcast節目，如安德魯・戴維斯《宣告你的名聲》以及CMI Podcast總監潘蜜拉・馬爾登的Content Marketing 360。

Podcast：準備作業

現在要製作Podcast是非常容易的事，你只需要完成下列準備：

- **錄製Podcast的專業麥克風**。我個人推薦使用Audio-Technica AT2020USB（約一百美元）。
- **錄音程式**。一般電腦使用者可以利用免費程式Audacity，Mac電腦使用者則可以選用GarageBand。兩種程式都有編輯音檔的功能。

- **發布及傳送Podcast的服務**。CMI是使用Liberated Syndicate (https://www.libsyn.com/)，這套服務可以寄存所有的Podcasts檔案，並自動提供至iTunes與Stitcher。

現場活動

二〇一〇年九月，CMI宣佈開始籌劃二〇一一年的內容行銷世界研討會，也就是我們最具代表性的研討會活動。這項計畫之所以能夠實現，要歸功於二〇一〇年十一月的午餐會議：CMI籌辦一場午餐聚會，廣邀俄亥俄州克里夫蘭的行銷業與政府高層人士參與，並且在會中公布研討會規劃，希望爭取與會人的支持。最後在研討會當天，我們成功取得重要贊助商的信任。

當初CMI向飯店預定可容納一百五十人的會議空間，然而在活動當天，共有六百六十人到場參與，佔據了飯店大部分的活動空間。

研討會概念能夠實現的原因如下：

- 從計畫前期便邀請具有影響力的人物參與。
- 給觀眾充裕的時間以便參與活動安排時間與開銷。
- 增加觀眾群參與活動的動力，例如提供完備的文件，協助與會人向上司證明參加活動的必要性。

- 我們是以小型活動的規模制定預算，但有預留較大型的場地，以應付可能激增的場地需求。
- 確實做到及早規劃。我們將每一場研討會當作首次活動舉辦，需要從頭學習活動策劃的各種細節，因此絕對需要充裕的時間。
- 聘請有信譽且經驗豐富的活動策劃專家。

五年內，原本的小型研討會成長為目前克里夫蘭市中心最大的年度商業盛會，每年有四千名來自全球五十個國家的業界代表參與。

雜誌

二〇一一年一月雜誌《內容長》（CCO）（圖19.3）正式上市，而截至二〇一五年九月，CCO已出刊二十三期，平均每期有兩萬名行銷從業人員訂閱。目前CCO是CMI整體策略的重要一環，因為雜誌內容和原有平台（部落格）的內容現已完全整合。

CCO原本的宗旨是接觸行銷總監以及行銷部門其他高階主

圖19.3　雜誌 *Chief Content Officer*。

管，也就是有權決定內容行銷預算的職位。將雜誌送到主管手中，他們便會視內容行銷為有價值的市場進入策略，並且開始在企業內資助內容資源。

了解發行雜誌的預算機制十分重要，需要考量的領域包含：

- **專案管理**。監督雜誌生產流程的人事費用。
- **編輯**。內容素材費（含外部撰稿人的報酬）、管理編輯費，以及校稿費。
- **設計**。為出版品編排圖表的人事費用。
- **相片與插圖**。投資於各種攝影或客製圖片的費用。
- **資料庫費用**。將觀眾群名單整理成郵寄清單的費用。
- **印刷**。印製出版品的費用。
- **郵資**。發送各期刊物的郵寄費用。
- **運費**。印刷商大量運送或送至辦公室的費用。
- **傭金**。如果你的雜誌是以刊登廣告營利，必須支付傭金給銷售人員。如果銷售人員是內部員工，傭金費率通常為百分之八至十，而如果是必須自行負擔支出的約聘銷售人員，費率則高達百分之二十至二十五。

一般而言，CCO的總頁數介於四十到六十四頁之間。發行雜誌的支出取決於總頁數、編輯頁數，以及總印刷量，不過基本上一期刊物的支出至少都有四萬美元。為補貼支出，CMI會在雜誌內刊登贊助廣告，以支付出版開銷。

儘管拓展平台還有其他選擇，如網路研討會、系列影片、行動裝置應用程式等等，還是應該優先考慮以下四種方式：書籍、Podcast、現場活動，以及雜誌。

內容發表頻率

Facebook行銷專家喬恩．魯莫剛開始採用「內容創業模式」時，他在第一年共發表了三百五十篇文章；第二年，他的文章產出量降低至兩百五十篇；直到第三年，他的原創內容共計一百份。

這意謂什麼？喬恩漸漸培養出觀眾群，並且以更多元的形式製作內容之後，他發現自己其實不需要像以前一樣發表大量內容，就可以獲得最多迴響。儘管這個道理不一定適用於所有平台，但製作更多內容未必等同於善用資源。

「內容創業模式」觀點

- 基礎穩固之後，便可以開始構思管道多樣化的最佳策略。
- 以「內容創業模式」而言，目前最熱門的平台拓展方式就是製作Podcast。隨著Podcast的技術門檻快速降低，可以預見一場Podcast革新潮流即將開始。

第二十章
收購內容資產

買地吧，因為土地已經停產了！

——馬克・吐溫

最近我有機會參與一場行銷會議，對方是全球最大的消費品生產商，討論主題是如何運用內容在不同市場培養觀眾群。該企業在部分市場已經有穩固的內容平台，不過其餘市場仍然是一片荒蕪。

會議中所討論的計畫是收購策略，該企業會主動接觸數個內容事業體，如果簽約成功，便會買下這些已有固定觀眾群和平台的部落格和媒體資產。

有時候親手打造是最佳做法，而有時候收購才是。

兩大優勢

部落格和媒體公司有兩大優勢，是我們想要也需要的資源。

首先是說故事的能力。部落格和媒體公司擁有適當的人力和流程，可以定期大量製作出優質內容。

第二項優勢也許更為重要，也就是部落格和媒體網站已經培養出固定的觀眾群。

雖然併購策略可能從首家媒體公司創立時就已經出現在市場上，但近期非媒體企業也開始加入戰局。在JPG雜誌經營陷入困境時，攝影器材零售商Adorama從內部組成收購小組，之後收購小組不僅取得JPG的「內容創業模式」平台與內容，更接手JPG的三十萬名訂閱人（正好是Adorama的潛在客戶與顧客群）。

二〇一〇年，跨國美妝品集團萊雅以超過一百萬美元的價格，收購媒體公司Live Current Media旗下網站Makeup.com。行銷自動化公司HubSpot計畫增設仲介專業部落格，用以輔助行銷與銷售部落格，於是在接觸部落格Agency Post之後完成收購，HubSpot並沒有選擇自行架設全新的部落格（圖20.1）。二〇一五年中，澳洲線上零售商龍頭SurfStitch集團收購兩家衝浪業的小型媒體公司，進一步奠定SurfStitch在業界無可取代的內容領袖地位。

二〇〇六年，史考特．麥卡費迪與麥可．埃米希創立媒體股份有限公司WTWH Media，在此之前兩人是經營小而巧的媒體代理公司。九個月之前，史考特與六家出版商共同參與了多場銷售會議，而史考特在這些會議中觀察到一致的趨勢：每當自己提起線上廣告解決方案，每

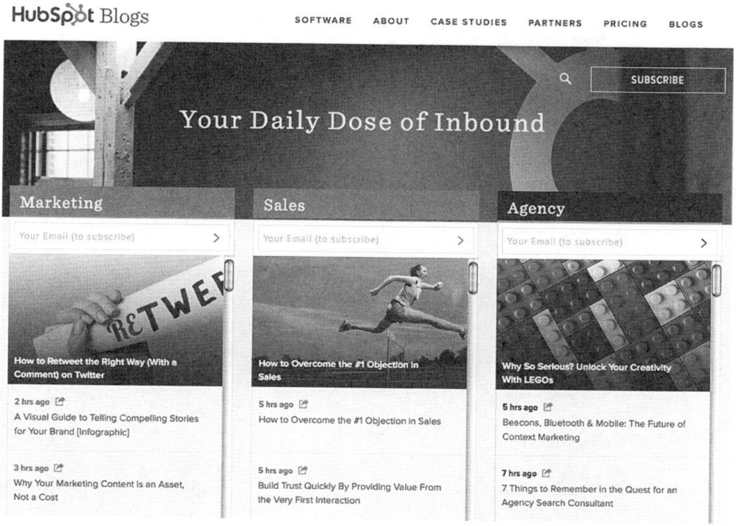

圖20.1　行銷自動化公司HubSpot選擇收購獨立部落格Agency Post，藉此補足仲介部落格管道的空缺。

家出版商都勸他專注於銷售印刷品。因此史考特認為應該由自己做出改變。

史考特和麥可開始投入創業，並且提出一份完備的商業計劃書，當中有將近五十頁都在詳細說明兩人的預測與假設。在這份近十年前的計劃書中，有兩大理論至今仍然適用：史考特和麥可認為讀者會全權掌控取得資訊的管道，而行銷人員必須要衡量投資之後的成果。

隨著事業成長，史考特經常參考都樂食品公司董事長暨執行長大衛・默多克(David Murdock)的經商建議。在一次社交場合見到默多克先生之後，史考特向他求教如何收購和轉手公司，默多克表示，他會列一份想透過收購公司踏入的產業清單，以及一份想要收購的公司清單，接著默多克會聯繫各家公司的經營者，詢問對方是否有意出售，當然有些公司願意、有些則否。

依默多克先生的建議，史考特列了一份與WTWH技術領域重疊的網站清單，接著他以電子郵件聯繫經營者，詢問對方是否有意願出售。過去八年來，WTWH利用這套行事原則鎖定並協商了五筆交易。過程中，史考特觀察到每筆交易有一些共同點。

- 一般而言，這些網站都是以社群互動為基礎，使用者族群十分活躍。
- 這些網站都是為個人經營者所有並營運，且經營者將這份事業視為興趣。

目前，WTWH媒體股份有限公司已經四次登上《企業》雜誌5000排行榜，在俄亥俄州克里夫蘭的總部團隊規模達到五十人。公司旗下有將近四十個以上的技術型網站、五種印刷出版品，以及一系列的垂直活動，提供各領域的行銷服務，包含設計工程、可回收能源、流體傳動，以及醫療市場。二〇一五年，WTWH的營收預估會逼近一千一百萬美元。

當你開始擴張內容型策略，藉此拓展在業界的版圖，收購策略是值得考慮的選項。

收購內容平台的流程

CMI也曾買下多個內容資產以擴充平台，包括舉辦於美國西岸的智慧內容大會以及名為「內容行銷獎」(Content Marketing Awards)的獎項計畫。CMI的判斷是，比從零開始打造平台並且與他人競爭，收購上述平台是更理想的選擇。

收購新平台時，請參考下列七個步驟。

步驟一：確立目標

所有正確的經營決策都是始於這一步，首先要思考收購現有的內容平台的合理原因。透過收購達成的目標可能如下：

- 加入現場活動形式的平台，將事業版圖延伸至尚未觸及的地理區域。最終目的是在該區域接觸更多顧客，增加交叉銷售、升級銷售量，並且降低顧客流失率。
- 讓品牌深入特定話題，以提升品牌在該主題低落的知名度。假設你是某類鋼鐵的製造商，發現這類鋼鐵可以應用於原油及天然氣產業，你可以嘗試收購小型的原油及天然氣部落格網站或現場活動，藉此迅速成為產業內可信賴的代名詞。

- 達成訂閱數目標。通常值得收購的平台都有固定觀眾群，你可以持續培養、擴大，或是善用觀眾群達到交叉銷售的目的。
- 收購內容資產本身以及相關的搜尋引擎最佳化策略，同時享有兩者所帶來的效益。

步驟二：明確鎖定觀眾群

收購策略成功的條件是，你必須釐清試圖填補的觀眾群缺口。以CMI旗下雜誌《內容長》為例，目標觀眾就是大型組織的高階行銷主管；而「內容行銷世界研討會」（CMI主辦的研討會）鎖定的觀眾則是行銷、公關、社群媒體，以及搜尋引擎最佳化主管及總監（亦即「行銷的真正推手」）。

步驟三：擬定平台清單

釐清目標與觀眾群後，便可以開始列出有助於你達成目標的平台清單。此時的秘訣是避免任何設限，你可以列舉現場活動、部落格、媒體網站、協會網站等等，甚至可以從具有影響力的合作對象名單尋找靈感。

彙整清單的過程中，可以將所有條目輸入試算工作表，並且附註相關的訂閱人資訊，例如：

- 創始日期。
- 目前訂閱人數。
- 已知營收來源（一一列出）。

● 所有權結構（例如獨立部落客或媒體公司）。

至於考慮收購研討會或貿易展等活動時，應該要審視以下資產：

● 參與人數（近兩年）以及成長百分比（或損失百分比）。
● 展出廠商數（近兩年）以及成長百分比（或損失百分比）。
● 媒體合作對象數量（近兩年）。
● 大致所在地區地點。
● 報名費用（廣告價目）。
● 知名度價值（主觀判斷活動的實質效益——可以用五分量表大致標示）。
● 以活動為中心設立媒體平台的可行性（同樣可以用五分量表大致表示）。重點是判定活動是否有潛力發展成功能完善的媒體平台，足以提供線上內容、網路活動等等。

步驟四：把握最佳機會

我個人推薦兩種確實有效的方法：你當然可以選擇先接觸首選目標，再觀察情勢如何發展，但是這等同於將雞蛋放在同一個籃子；較理想的做法是同時接觸前三名的目標，並且明確表達意向（亦即表達你有興趣收購對方的網站、活動等等）。

此後收到的回應可能會令你大吃一驚，有些經營者從未想過自己會有被收購的機會，有些

（八成是具有媒體背景的人物）則已有明確的退場策略以及個人目標。此時的關鍵是促使討論開始，你才能衡量潛在利益可能落在何處。即使是接觸對出售毫無興趣的可能賣家，最糟糕的情況也只是如此，在首次接觸後還是有形成合作關係的機會。簡而言之，你永遠無法預測人的意向何時改變，而現在如果對方改變主意，你就有優先得知的機會。

安德魯．戴維斯認為，最適合收購的對象是出色但缺乏商業模式的內容創作者。你知道嗎？如今業界正有不少這類人才。

步驟五：判定收購價值

小型網路資產與活動有一套固定的衡量標準（稍後會說明），但在此之前的重點是：了解經營者的需求。正如同與具有影響力的人物合作，你必須負責了解平台經營者的目標與願景；也許對方只在意價格（不過不太可能），也許對方正在尋求新契機或是急於脫身（許多部落客或活動主辦人從未想過，自己的心血竟會成長至超出掌控的地步，或是成長的方向與自己的原意不同。）

如我先前所說的，小型網路資產與活動有一套固定的估價流程。進入這道程序之前，雙方必須簽署保密協議，以保護雙方權益。下一步是請對方提供至少過去兩年的損益表，其他必要文件包含：現有的贊助合同及其餘可證明損益表正確性的合約。（重要提示：你可能會需要處理各種法律細節，因此接觸賣方之前務必要尋求法律諮詢。）

以收購網站而言，部分交易是採「每訂閱人」計價，部分則是以淨利評估。就我的個人經驗，有一媒體交易是以每訂閱人一美元估價；另一則交易是以目前營收的五倍計價，並且以兩年為期支付。小型研討會通常會以淨利的五倍估價（假設該研討會的年獲利是十萬美元，就應該以五十萬美元收購這項資產）。

現在我們要以小型研討會為例試算：

參與人數：250
展出廠商數：20
營收：$340,000
支出：$270,000
淨利：$70,000
事業整體價值：$70,000 × 5 = $350,000

儘管還有其他細節需考量，不過這場活動的整體價值大約為三十五萬美元。

步驟六：出價

正式出價之前，務必要確認數字接近實際價值，而且對方也同意你的基本條件。如果雙方合意，一定要請對方簽署意向書，基本上意向書的目的是表達雙方皆同意繼續溝通，也同意讓雙方關係進入下一階段；此舉就如同商業收購中的訂婚，本身並不具任何實質或法律上的強制力，但是有公開聲明意向的功能。（注意：擬定意向書時請諮詢法律顧問。）

步驟七：進入最終協商

在簽署任何正式文件之前，先思考最後幾道重要問題：

- 有哪些可利用的電子郵件和印刷品訂閱人名單？你是否有權限利用這些名單寄送資訊？
- 對方公司有哪些可利用的資產？影片？部落格文章？SlideShare 檔案？有必要全面審視對方公司的資產。
- 對方公司目前使用哪些社群管道？
- 這個領域有哪些具有影響力的主要人物，是我方應該合作的對象？（如有需要）可以蒐集這些人物的聯絡資料及專業領域。
- 對方公司與哪些廠商合作？有哪些推薦合作廠商？

在後續的三十至六十天，你會投入正式的資產收購簽約作業，並且審視所有相關文件，確保所有的資料、數據，以及討論內容都十分準確且經過證實。在此之後，雙方會簽訂合約，接著開香檳慶祝一番（非必要，不過這是很貼心的安排）。

「內容創業模式」觀點

- 如果你打算擴大計畫、擴展平台，就需要審慎做出決策……該親自打造或是收購？
- 缺乏計畫的收購容易花冤枉錢。如果你有權決定收購目標，並且長時間與其經營者培養良好關係，以較低價格成功收購的機率便會大增。

參考資料

James Dillon, "Should You Buy or Grow a Pineapple for Your Audience?" ContentMarketingInstitute.com, accessed April 28, 2015, http://content marketinginstitute.com/2015/02/buy-or-grow-pineapple-audience/.

Andrew Alleman, "L'oreal Buys Makeup.com for 7 Figures," domainnamewire.com, accessed April 28, 2015, http://domainnamewire.com/2010/03/04/loreal-buys-makeup-com-for-7-figures/.

第七部　創造營收

讓我告訴你在華爾街致富的秘訣：當別人都感到害怕時，你要試著貪心一點；當別人貪心時，你就要懂得害怕。

——————————華倫・巴菲特（Warren Buffett）

你已經與忠實觀眾建立穩定關係，也已打下基礎並往多方拓展管道，
而現在就是收成的時機。

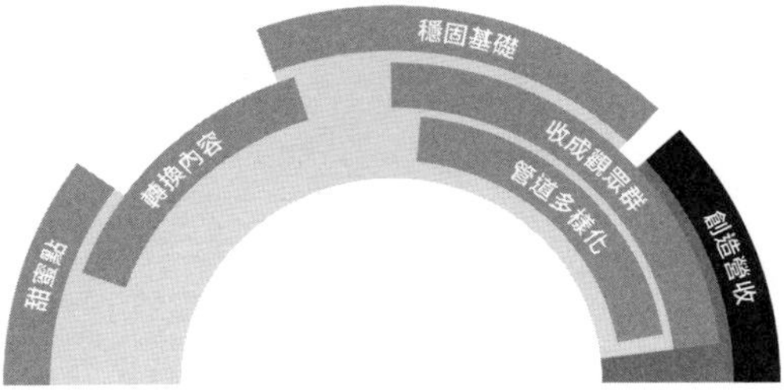

第二十一章
等待營收

小姐，我知道牛排確實是過熟，但你有必要在抱怨之前全部吃完嗎？
——電影《哈啦上菜》，餐廳經理丹

布萊恩．克拉克在本書的序中提到，「內容創業模式」達到最低可行觀眾數（MVA）之後，便能夠更有效的創造營收。正如克拉克的說明：「當你培養出MVA之後，觀眾群會開始透過社群分享與口碑自行成長。除此之外，這時你也會開始收到回饋，有助於你判斷觀眾真正想購買的產品與服務。」

不過，真正成功的內容型企業不會止步於MVA或一定的訂閱人數，接著便決定開始銷售產品。從頭到尾，這些充滿熱情的創業家都是以創意思考支撐商業模式，讓整套模式持續發展與成長。

本章將會分享我應用「內容創業模式」的經驗。

探尋……財源

二〇〇七年三月，我離開福利優渥的高階主管職位，著手創立新公司。創業期間我並沒有穩定的收入來源，因此當我開始打造屬於自己的「內容創業模式」，也同時針對媒體公司與相關組織提供顧問服務。

某次的客戶是小型非營利組織，這個屬於機械工程產業的組織需要一套策略，從出版品組合創造新的營收模式，因為旗下雜誌的廣告收入正緩慢衰退。除此之外，該組織也有銷售線上橫幅廣告與按鈕，試圖增加數位營收，但成果也不盡理想。更糟的是，由於營收毫無起色，組織內瀰漫著對大量資遣的恐懼。

經過數小時分析這個組織的媒體資訊，並且與銷售與行銷團隊的員工訪談之後，我發現幾個關鍵問題：

- 銷售團隊習慣且著重於銷售印刷廣告，這些銷售與行銷專家對於販售線上產品完全不了解。
- 該組織主要的合作廣告商僅是抱持嘗試的心態，購買線上廣告宣傳產品與服務。
- 該組織並沒有數位銷售策略，簡單來說，銷售人員全都是即興發揮。
- 官方網站的流量仍處於萌芽階段，此時要銷售數位產品非常困難，因為該組織的網站尚未有足夠的觀眾關注內容。

看來眼前是一條漫漫長路，通常這是正常狀況，但我的客戶表示沒有時間等待網站流量成長，他們現在就需要新的營收才能生存。

為應付如此急迫的需求，我們規劃出一套模式「限制存貨量」模式。如果你對印刷廣告銷售員的工作稍有了解，就會知道重點向來都在於存貨量。你可以隨時在雜誌上增加頁數以刊登廣告，而如果新的營收就在眼前，雜誌發行商也樂於增加頁數，即使有銷售目標和預期頁數，還是可以隨時賣出更多廣告。

這正是該組織銷售人員販售數位廣告的方式：可以銷售的廣告篇幅無限，網路讀者群卻有限……最後沒有人願意購買網路廣告。

全新的「限制存貨量」模式運作方式如下：

- 將「廣告」改稱為「贊助」。
- 限制每個月的贊助數量——從無限多（理論上）限縮為六個贊助機會。
- 贊助商將會以標誌形式出現在每個頁面底部，並且註明為「組織合作夥伴」。
- 由六個贊助商平分所有「庫存量」，意謂每個贊助商的數位廣告宣傳對象，是六分之一的網站訪客。
- 相較於以前的展示型廣告支出，大幅增加贊助支出。
- 若贊助商願意增加五成的投資，可獲得獨家贊助權。

起初，銷售團隊完全不贊同這個想法，銷售人員認為限制可銷售的產品會危及業績。此外，他們也不欣賞「六個贊助商」的概念，因為這等同於拒絕部分廣告商，而一旦這種情況發生，組織會因為沒有接受全數的資助而信譽受損。

幸運（或不幸）的是，我們別無選擇；我們只剩不到三個月扭轉情勢，否則眾人就會面臨失業。一週後，我們同時發送電子郵件給贊助清單上的對象（所有潛在廣告商），說明組織提供的贊助機會。電子郵件寄出後，銷售人員開始致電重要顧客，詳細解說贊助機會，說辭基本上是：「錯過就真的沒辦法了……但是我真的希望你們可以優先得到這個機會。」

一週之內，確定的贊助已經排滿六個月。沒錯，我們的庫存銷售一空，而從營收的角度看來，較去年的數位營收成長了五倍。

在此之後，組織內全部的數位產品皆以限制庫存量的模式銷售，包括網路研討會、電子書，和白皮書的贊助，以及列入專業企業名錄的機會。

贊助商模式

這則經驗故事有什麼重要性？正如我們先前的討論，「內容創業模式」是類似「資訊年金」的概念，需要時間和耐心才能成功。如果你和這則故事的情況類似，大概會需要額外的收入來源，直到你培養出觀眾群並且開發出終極產品。

而以下的情況，就發生在我完成上述組織的顧問工作數個月之後。

我太太原本是優秀的社工人員，數年前我尚未開始創業時，她就已經離職在家照顧兩個分別是三歲和五歲的兒子，因此我們需要收入維持生計。當然，我們盡力減少開支，但還是需要支付房貸、車貸，以及扶養兩個孩子。我的顧問工作收入充足，不過由於公司需要大量投資未來產品（內容行銷媒合服務），整體收入還是不夠養家。一直到二〇〇九年，我的公司還是不停的燒錢。

結果這項核心媒合服務並沒有如我預期的成長，換言之，這套財務模式有缺陷。我越是仔細檢查這套模式，心態就越是負面，與太太長談數次之後，我差點就要放棄創業、回頭找工作。

這時，限制存貨量模式出現在我的腦海中。

建立事業軸心

費時兩週思考該加倍下注還是棄船逃命之後，我回頭分析公司培養的觀眾群（請見第七章關於情報站的說明）。

- 觀眾最急迫的需求為何？
- 觀眾想要購買什麼？
- 公司是否忽略了一些容易獲得報酬的營收機會？

公司的觀眾群僅少部分有尋找內容供應服務的需求，而大多數則是需要有助於內容行銷的教育、訓練，以及工具，這也難怪經常有觀眾要求諮詢與演說服務……他們的需求並不是內容供應服務，而是教育訓練。這項發現從此扭轉了戰局！

我們決定改變贊助與活動的營收模式（下一章會詳細說明），但問題是：公司現在就需要營收。於是我們開始採行限制存貨量模式——贊助商限定方案。我立即致電和寄出電子郵件給公司主要的贊助商，提供他們資助新計畫的機會，只有十家公司有機會成為我們的「贊助商」，而每個贊助商可以分得一成的網站宣傳資源，也可以將內容發布在我們的網站（贊助內容）。

幾週之內，贊助機會便全數售罄。這套策略讓我們的事業軸心有充足資金，可以繼續發展。隔年，我的公司名列《企業》雜誌北美地區成長最快速的前五百名小型企業。

至今我們仍然採用贊助商限定方案的策略，而所有的贊助機會總會在數小時內銷售一空。以下我列出整套計畫的完整細節，你也可以為主要贊助商設計類似的方案。

CMI贊助商限定方案（同2015 CMI媒體資料袋內容）

- 成為CMI贊助商：價值三萬五千美元的限定機會——每年僅十家企業
- 可在CMI網站發表教育性部落格文章
- 發表文章務必符合CMI編輯準則：http://contentmarketinginstitute.com/blog/blog-guidelines/
- CMI有權拒絕不符編輯準則／標準之部落格文章

- 如有需要，贊助商可與CMI內容／負責主管合作（獨家贊助商福利），獲得修編內容主題、方向等協助，確保內容符合CMI準則／標準
- 贊助商可選擇（需負擔額外費用）由CMI客製化內容團隊寫作部落格文章，並由贊助商從旁協助
- 全年十二個月的線上橫幅展示型廣告（佔總曝光量的百分之十，以250×250廣告單位格式呈現）
- 廣告機會包含CMI每週電子報以及每日部落格更新通知（每年至少四十次）
- 所有CMI網站頁面的頁尾皆有品牌廣告
- 優先取得特殊合作關係與其他相關機會

持續營利直到確定產品概念

你可能會和大多數的內容型創業家一樣，需要在創業過程中持續尋找收入來源，才能負擔所有開銷。CMI的解決之道是贊助商模式；數位攝影學院則是利用聯盟行銷策略；「遊戲理論」透過YouTube廣告營利；Moz選擇提供顧問服務；Copyblogger媒體公司則由販售合作產品收取費用。

如今這些公司都已成為市值數百萬美元的企業，成長速度皆數一數二。

下一章的內容將說明各種在平台上開發和販售產品的機會，而在你走到那一步之前，請向其他成功的內容型創業家學習，如何發揮創意支付開銷。

何時可以開始由平台創造營收？

我經常有機會與創業家會面，在多次談話中，他們時常問起何時可以開始透過產品或服務營利，我的答案向來是：「今天！」

應用「內容創業模式」時，並不是要在經歷前五個階段之後，才開始思考如何創造營收，而是應該從創業的第一天，就要思考如何從平台營利。CMI的成功模式是透過滿足贊助商的需求營利，而正是這筆營收讓我們有機會擴張平台。

《數位相關性》（*Digital Relevance*）等書的作者阿德斯．阿爾比認為，開始內容行銷的最佳方法，就是從最具影響力的人際關係著手。相同的道理也適用於「內容創業模式」；如果你有長期經營具影響力的人脈，這些人物就是你發掘獲利機會的首選。

「內容創業模式」觀點

- 為公司尋找合適的營收模式需要時間，在此同時，你應該要開始實驗不同的方法，從現有內容資產創造營收。
- 開始創業時不需要太多資源，而是需要正確的資源。如果有企業對你的內容有興趣，不妨由此著手補貼開銷。

參考資料

Ardath Albee, Digital Relevance, Palgrave Macmillan, 2015.

第二十二章 打造營收模式

能夠利用他人擲向自己的磚頭堆砌出堅實地基，才能稱得上是真正的成功。

——大衛・布林克利（David Brinkley）*

根據《企業家》雜誌統計，大多數人都是以非常有限的方式賺錢，領取企業薪水的個人員工通常僅有一種或兩種收入來源（薪資以及投資帳戶）。也許你身邊就有不少這種人，他們每天重複著相同的工作只為了支付開銷，每個月剩餘的存款或投資金額也不多。

相反的，百萬富翁的收入來自多個管道，不論是同時經營多種事業（其中包含多種產品與服務）、不動產交易，或各式各樣的投資等等。

採用內容型策略的創業家正是抱持著這種思維。

YouTuber名人羅伯・史坎隆（Rob Scallon）如此解釋他的想法：

＊ 美國知名新聞主播。

我總是在想新的方法多樣化拓展和增加收入來源。最近我的樂團有一首歌授權給全國性的電視廣告，我覺得大受鼓勵。我很樂意授權更多歌曲，也願意代言產品……光是從我的YouTube頻道就可以發展出非常多種收入來源，所以我不僅善用這個管道，也從中得到不少樂趣。

無論你是正在創業的企業家，或是在大型組織中執行內容型計畫的負責人，都應該隨時思考有哪些不同的做法，可以運用長期累積的內容資產創造營收。

營收漣漪效應

Velocity Partners的共同創辦人道格．凱斯勒曾提出一個概念，當時他在陶德．惠特蘭的Podcast節目The Pivot將之稱為內容行銷計畫中的「漣漪效應」。一般而言，行銷人員衡量內容企劃時，都是以增加銷售量、減少支出，或是增加忠實顧客人數等數據判斷。儘管這些都是明確的目標，也有相應的指標可參考，但凱斯勒認為還有一項更關鍵的指標，也就是所謂的「漣漪效應」。

漣漪指的是內容型計畫中意料之外的益處……例如受邀擔任活動演講人；有人經常提起你的專業；或是在成為領域首席專家之後，其他非預期內的好處隨之而來。

以內容型計畫的營收層面而言，漣漪效應是最重要的一環，畢竟剛開始投入「內容創業模式」

時，我們基本上還不確定有哪些可能的營收管道。舉例來說，River Pools & Spas當初完全沒料想公司的內容型營收竟是來自生產製造；馬修．派翠克之前也從未想過自己有一天會成為YouTube的專家顧問。

我們必須努力一段時間才能走到這一步……不過當這一天到來，收穫將會非常可觀。

個案分析：名廚麥可．西蒙（Michael Symon）

麥可．西蒙可說是俄亥俄州克里夫蘭最為人所知的名人，他的創業之旅以頗為平常的方式開始（以餐廳經營者而言），也就是分別在克里夫蘭以及紐約開設餐廳。他的事業緩慢成長，展店數漸漸增加，不過一直到二〇〇七年，麥可登上電視節目《美國鐵人料理》（Iron Chef America）之後，情勢才徹底改變。自此開始，麥可經常演出美食頻道Food Network的節目，最後甚至在ABC電視台主持每日聯播脫口秀The Chew，達到事業高峰。

麥可每天都出現在多個聯播節目中，累積觀看次數可達數百萬，然而真正的關鍵在於短短數年內，他將這些觀賞人次轉換成百萬名社群媒體粉絲，培養出自己的觀眾群。

麥可的餐廳生意興隆，更另外開設聚會餐廳Bar Symon以及出色的漢堡店B Spot。目前，麥可合資開設且有獲利的餐廳不下數十間，但最值得注意的部分是他的副業活動。麥可打造新的平台並由此創造額外收入，例如：

- 書籍——《麥可西蒙為煮而生》（*Michael Symon Live to Cook*）以及《The Chew：晚餐吃什麼？》（*The Chew: What's for Dinner?*）
- 授權精緻餐點品項給餐飲服務公司愛瑪客（Aramark）〔目前經營克里夫蘭騎士隊的主場館速貸球場（Quicken Loans Arena）〕
- 成為廚具品牌Vitamix及Calphalon的代言人，並且與食品企業如樂事洋芋片有正式合作關係。
- 官方麥可・西蒙與Weston聯名廚具。
- 個人品牌的經典刀具組。

以上僅僅是麥可的部分副業，名廚西蒙以及其他打造內容型平台的名人之所以成功，是因為他們從內容開發出多種營收管道。短視近利的經營模式只會利用暴增的知名度提升餐廳營收，但麥可・西蒙卻培養出自己的觀眾群，並且透過數十種方式獲利。

內容創業模式營收實例

以下是部分內容型事業如何由觀眾群創造營收的實例。

CMI是內容行銷教育網站，主要透過下列方式從平台營利：

- 參與者付費參與現場活動
- 贊助商付費在現場活動展出
- 讀者付費取得線上訓練課程
- 線上直播研討會贊助
- 舉辦現場企業工作坊
- 長期顧問工作報酬
- 書籍銷售
- Podcast贊助
- 電子報贊助
- 電子郵件直接行銷贊助
- CMI員工的演講報酬
- 網站贊助

YouTube美妝名人蜜雪兒．潘由以下方式創造營收：

- YouTube廣告費
- 書籍版稅
- 演出報酬

- 推出音樂品牌Shift Music集團
- 與萊雅集團合作推出美妝系列產品em
- 共同創建訂閱制美容產品網站Myglam
- 推出YouTube名人聯播網

「雞的悄悄話」創辦人安迪・施奈德從平台營利的做法如下：

- Kalmbach Feeds等廠商提供活動贊助
- 雜誌訂閱費用
- 雜誌廣告費
- Podcast贊助
- 演出報酬
- 書籍版稅
- 網站贊助

數位攝影學院創辦人達倫・勞斯利用下列方式發展平台：

- 聯盟計畫（透過網站宣傳賺取廣告費）

- 銷售電子書與教學課程
- 付費線上訓練課程
- 線上廣告
- 品牌子網站如 Snappin Deals

Copyblogger Media 創辦人布萊恩·克拉克利用平台營利的做法如下：

- 付費軟體產品如 Rainmaker Platform
- 虛擬主機服務如 Synthesis
- Copyblogger Media 活動贊助
- 活動報名費

過去數年，布萊恩推出數十種產品並採用聯盟策略，為現在快速成長的產品線打下基礎。

如何從內容創造營收

Netscape 共同創辦人馬克·安德森（Marc Andreessen）身價高達數百萬美元，更是全球最大的科技投資戶之一。二〇一五年三月為止，他透過自己的合資公司 Andreessen Horowitz 完成三十三筆投資。如果從安德森所投資的金額來看，他正將大筆資金投入內容平台，從投資Reddit（線上社群網站）、PandoDaily（新聞資訊網站）、到BusinessInsider（新聞資訊網站），安德森顯然認為未來媒體將登上最高點。

然而安德森指出，媒體公司的商業模式不應該侷限在廣告：「是新聞事業就該用事業的方式經營。」

善用「內容創業模式」的企業家，可以由內容發展出各種營利方式，依安德森的說法就是：「這並不是選擇一種模式、堅持執行就可以創造的機會；新聞（或內容型）事業應該要盡量結合、善用各種可能性。」

接著我們要一一認識內容型平台創造營收的方式。

廣告與贊助

廣告營收仍然是大多數媒體公司的首選商業模式；簡單來說，有企業希望接觸你的觀眾群，因此向你付費換取接觸觀眾的機會，通常會採用橫幅廣告、雜誌中的印刷廣告，或是活動現場的贊助攤位。

烘焙女王安・雷爾頓目前的主要營收是YouTube廣告費，不過她同時也多元發展營收管道。YouTube名人丹尼爾・米德頓（Daniel Middleton）的成名作是Diamond Minecart——以遊戲Minecraft為主題的系列影片，他的頻道目前已有四百三十萬名訂閱人。和部分YouTube名人一樣，米德頓推出獨立的影片觀看應用程式，期望有一天能夠不仰賴YouTube廣告費，而是直接銷售贊助機會。

如果你打算加入廣告贊助的戰局，最佳策略就是直接向潛在廣告商推出限定方案。以CMI的每週Podcast——「這個舊式行銷法」為例，每一集節目就是一次贊助機會，而這筆贊助資金不僅可以支付節目製作費，更讓節目獲得些微利潤。

賺取廣告費本身並不是壞事，但內容型事業不該畫地自限於這種單一營收管道，就和多樣化投資組合的道理相同，投資人絕對不會將所有資產投入同一支股票。

原生廣告（Native Advertising）的契機

廣告軟體公司Sharethrough將「原生廣告」定義為一種付費媒體，且廣告會根據刊登位置，配合原本使用者體驗的型態和功能呈現。簡單的說，就是以內容形式包裝廣告，例如看似像一般媒體網站文章的付費內容，或是一則LinkedIn贊助貼文，卻和你的關注對象動態非常相似。

目前行銷領域最熱門的詞彙，正是原生廣告，就連最知名的媒體品牌如《紐約時報》和《華爾街日報》，都在嘗試利用贊助內容創造營收。

現在也許就是你對贊助內容「試水溫」的大好機會，不過有必要事先了解其中所有的關鍵要素。

原生廣告之所以逐漸成為廣告產業的重要一環，原因如下：

1. 媒體品牌（包含像你一樣的內容型事業）以及社群平台（如LinkedIn與Facebook）正積極提供原生廣告產品。
2. 目前各品牌約花費百分之二十五至三十的預算，投入內容行銷計畫，而既然品牌如此重視內容行銷，原生廣告自然也被視為可行策略。
3. 若規劃得當，銷售原生廣告會是絕佳策略。例如BuzzFeed的主要營收就是原生廣告，而這套策略實在太成功，甚至讓公司營收激增，效果明顯優於傳統的線上廣告。
4. 廣告界認為原生行銷可以帶來新氣象，這種「新型廣告」（其實並非全新概念）令全球的媒體買家燃起新希望，因為比橫幅廣告效果更好的產品誕生了。

原生廣告實例

如果我們以更廣泛的角度理解原生廣告，涵蓋範圍可能如下：

- Google或Bing的付費搜尋結果（請見圖22.1）
- Twitter的付費宣傳貼文（圖22.2）
- LinkedIn的贊助內容動態更新（圖22.3）
- *Fast Company*的內容推薦引擎（圖22.4）
- 富比士網站的SAP贊助文章（圖22.5）
- 惠普為慶祝情人節在Vine推出六秒影片，由流行民謠樂團Us the Duo製作（圖22.6）

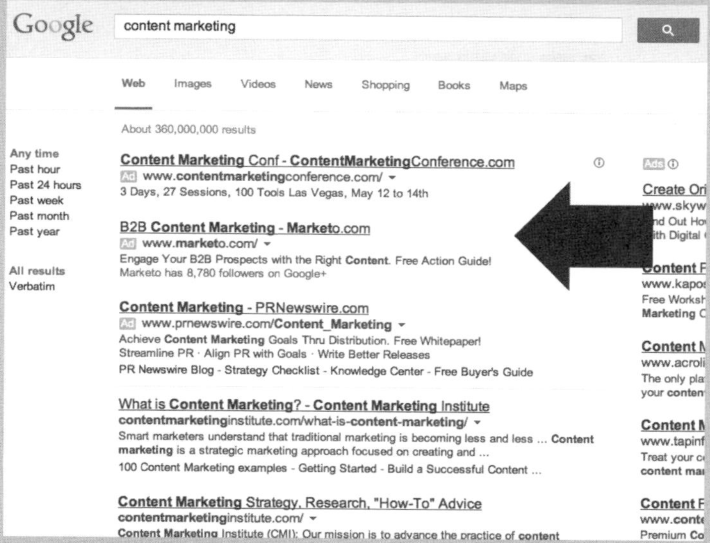

圖22.1　出現在Google等搜尋引擎的付費刊登連結，屬於基本的數位原生廣告。

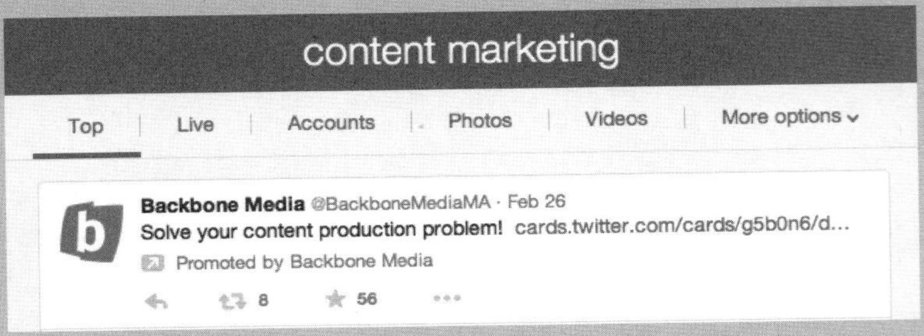

圖 22.2　Twitter 頁面的贊助推文。

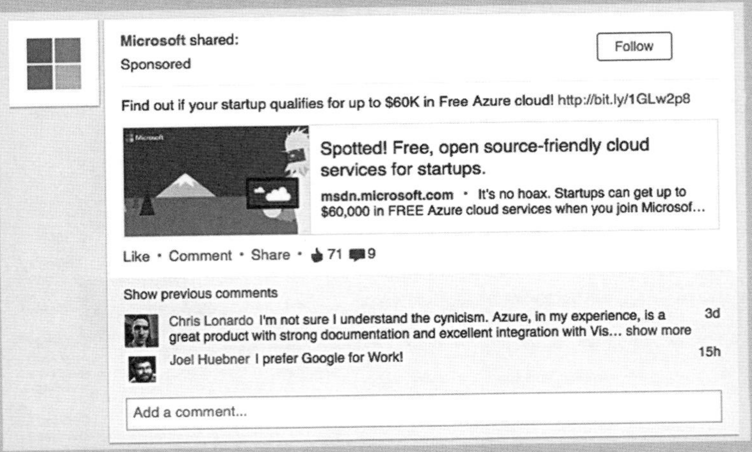

圖 22.3　LinkedIn 的贊助內容實例。

圖22.4　推薦內容連結實例，*Fast Company*與CNN網站都有這項功能。

圖22.5　SAP 付費換取在富比士網站發表內容的機會，並且以類似富比士Brand Voice計畫旗下社論內容的形式呈現。

圖22.6　從Vine發跡的雙人樂團「Us the Duo」為惠普製作付費原生廣告 。

原生廣告的優勢為何？

如果一間企業可以透過電子郵件或其他聯絡方式，直接接觸整個觀眾群，那麼這間企業大概不需要原生廣告（或是其他類似的廣告形式）。不過大部分的企業組織並沒有這種優勢，這也是為何原生廣告如此有價值（這些企業正試圖接收觀眾群，也就是第十六章所說明的概念）。

其他考量事項：

- **在行動裝置的小型螢幕**，串流就等同於整個使用者體驗，所以展示型廣告將會越來越少見。未來的行動裝置廣告形式可能只剩下原生廣告一種，如果有潛在贊助商想透過行動裝置接觸你的觀眾群，原生廣告也許就會成為你的營收管道。
- **傳統橫幅廣告的效果通常不盡理想**。根據媒體新聞雜誌暨網站Adweek統計，傳統橫幅廣告的平均點擊率僅有萬分之十二，比被閃電擊中的機率還要低。
- **「租賃擁有」（Rent-to-own）策略**。原生廣告是贊助商的核心策略，憑借你的信譽宣傳，再將你的信譽轉移至自身品牌。同時，贊助商也會試圖吸收你的觀眾群，所以必須特別注意這一點。

運用原生廣告的最佳方式

如果你計畫將原生行銷納入內容型策略，請先考量下列事項：

- 不得推銷。原生廣告的內容必須具教育意義、有豐富資訊、實用，或有趣，如果內容全都是在推銷贊助商的產品或服務，八成不會有任何效果。另一方面，大多數的媒體品牌都設有品質控管團隊，以確保內容品質，而這些企業也有提供製作內容的（付費）服務。務必記得，網站上出現品質低劣的內容，可能會摧毀你的品牌形象，這也是為何《紐約時報》設有專為企業製作贊助內容的部門，而《泰晤士報》也不接收企業自製內容，以免內容品質不符標準。
- 明確標示。目前為止，美國聯邦貿易委員會（FTC）尚未發布任何相關規定，期望業界能夠自主規範。我認為這是一定的發展趨勢——甚至現在就已經有自主規範的現象，標明「贊助」、「宣傳」，甚至「廣告」都是適當做法，重點是要讓訪客清楚知道哪些是付費置入內容，此時不妨善用常識。

為何原生廣告可能是四不像

CMI策略執行長羅伯特．羅斯指出，純粹就字面意義角度而言，原生廣告既不「原生」、也不是「廣告」。

羅斯對何謂非原生的說明如下：

通常我的目標都是製作出極為「顯眼」的內容，而你應該很難忽視這其中的矛盾。我要讓原生廣告融入發表平台，藉此吸引平台的觀眾群做出回應。事實上……內容越是不「原生」，加上我越是發揮創意、同時利用廣告商與平台的品牌光環，內容的效果就會越好。

羅斯對何謂非廣告的說明則如下：

重點在於，如果我們想要利用置入內容成功達到行銷效果，就不該以製作廣告的角度思考……我們這些行銷人員，都應該重新思考自己想利用置入內容達到什麼目標，而顯然，這些目標跟製作廣告要達到的目的完全不同。

整體而言，有些人擔心原生廣告模糊了一般評論文章和廣告之間的界線，不過這些擔憂可能一時之間不會散去，因為原生廣告只會越來越盛行。

無論如何，隨著你的內容平台繼續成長，原生廣告會是可行的策略之一，有助於你多樣化發展營收管道，並維持平台的營運。

訂閱費用

透過內容營利第二常見的方式就是訂閱費用，例如訂閱雜誌或報紙。過去數年來，訂閱形式已經轉變成數位訂閱，像是付費閱讀線上版《紐約時報》。

由於現今消費者可以取得大量的免費內容，內容訂閱可能是所有策略中最難營利的方式。儘管如此，約翰・李・杜馬斯仍然成功打造出社群訂閱計畫 Fire Nation Elite，提供讀者定期培訓研討會通知以及獨家內容（圖 22.7）。

優質內容

大部分的內容型事業都有提供優質內容，如電子書或獨家報告書，免費提供可吸引更多訂閱人，或者可以取得訂閱人的詳細資料〔此舉稱為「進階剖析」（progressive profiling）〕。而有些事業則會像數位攝影學院一樣，製作電子書與專業報告後直接銷售（圖 22.8），而銷售優質內容也成為該公司的核心營收策略。

研討會與現場活動

在網路建立人際關係的人越來越多，也意外衍生出這群人在現實見面的需求，現場活動與研討會產業從未像現在如此蓬勃發展。CMI 以及「社群媒體考察家」都是透過主辦現場活動帶動營收，以內容行銷世界研討會為例，活動本身就有六百萬美元的價值，其中三成來自贊助，其餘則是參加者支付的費用（圖 22.9）。

圖22.7　EntrepreneurOnFire.com創辦人約翰・李・杜馬斯推出付費訂閱計畫，專門服務VIP會員。

圖22.8　Digital Photography School銷售優質電子書是營收策略的重要一環。

CONTENT MARKETING
WORLD
THE LARGEST CONTENT EVENT IS BACK!
WHEN
September 8-11
8:00AM
WHERE
Cleveland, Ohio USA
Cleveland Convention Center
CMWorld 2015
Content Marketing World is the one event where you can learn and network with the best and the brightest in the content marketing industry.
You will leave with all the materials you need to take a content marketing strategy back to your team – and – to implement a content marketing plan that will grow your business and inspire your audience.

圖22.9　CMI從「內容創業模式」創造營收的主要方式是現場活動如「內容行銷世界研討會」。

跨媒體（書籍、雜誌、網路研討會、Podcast等等）

建立內容平台之後，便可以利用一整套（付費或贊助）內容產品從中創造營收，例如書籍、影片企劃、紙本或數位雜誌、網路研討會企劃、Podcast節目等。

喜劇演員暨Podcast名主持人馬克・馬隆（Marc Maron）利用招牌節目WTF with Marc Maron培養出全球最龐大的Podcast觀眾群。同時，他推出暢銷書《渴望平凡》（*Attempting Normal*）、系列CD——「這一定很好玩」（This Has to Be Funny），以及在Netflix熱播的系列影片Maron，此外，馬隆也在美國各地的喜劇俱樂部（comedy club）演出。*

群眾募資

Kickstarter這類募資服務正在興起，因此現在若要尋求社群資助你的內容型計畫，

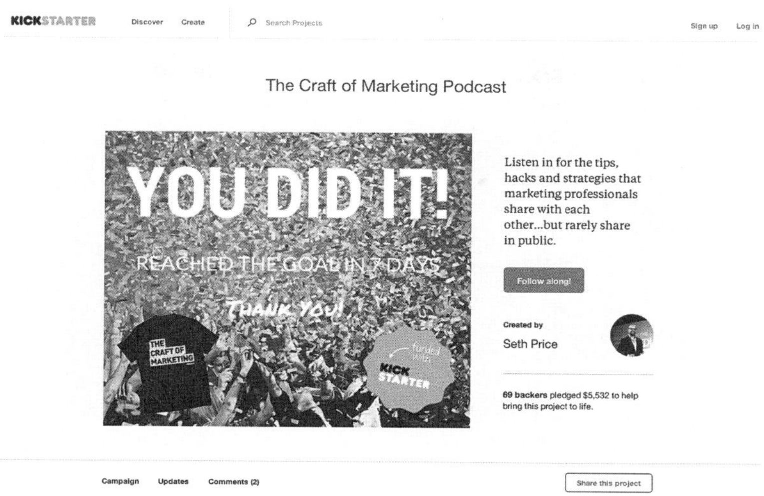
KICKSTARTER
Discover
Create
Search Projects
Sign up
Log in
The Craft of Marketing Podcast
YOU DID IT!
REACHED THE GOAL IN 7 DAYS
THANK YOU!
THE CRAFT OF MARKETING
funded with
KICK STARTER
Listen in for the tips, hacks and strategies that marketing professionals share with each other...but rarely share in public.
Follow along!
Created by
Seth Price
69 backers pledged $5,532 to help bring this project to life.
Campaign
Updates
Comments (2)
Share this project

圖22.10　賽斯・普萊斯利用Kickstarter在七天內為自己的Podcast節目募足資金。

已經不再是難事。賽斯・普萊斯(Seth Price)選擇以Podcast建立內容型平台，由於缺乏資金，他在Kickstarter發起募集五千美元的計畫。七天之後，在六十九位贊助人的幫助之下，賽斯募足了資金並且開始創業(圖22.10)。

小額支付

雖然我個人沒有親眼見過成功實例，但Netscape共同創辦人馬克・安德森認為，透過比特幣接受小額支付款，是「內容創業模式」可以採行的營收策略。利用比特幣線上支付系統Coinbase，就可以輕鬆架設網站，以線上貨幣模式收取小額支付款。

* 馬隆的訂閱模式令人印象深刻——超級粉絲可以提早欣賞所有的Podcast節目，也有權限存取所有內容檔案；如想了解詳情，請參考http://cmi.media/CI-WTF。

慈善捐助

Pro Publica*是非營利組織，主要運用資金推行調查性報導，為大眾提供重要議題的資訊。Pro Publica是由前《華爾街日報》執行總編保羅．斯蒂格（Paul Steiger）創辦，旗下目前有四十五位記者，主要資助來源是Sandler Corporation，早在二〇〇八年一月Pro Publica初創之時，該公司就已承諾會長年捐助。此外，Pro Publica也長期接受認同組織理念的捐款人資助。

產品

根據《訂閱式行銷》（*Subscription Marketing*）作者安妮．贊澤（Anne Janzer）的說法，在內容型網站銷售商品需要極為密集的研發工作，而優點就是營收極為龐大。

以Copyblogger Media為例，其核心主力產品是內容以及搜尋軟體。Moz從搜尋引擎最佳化主題部落格，成長為市值三千萬以上的事業體，正是憑借其推出的搜尋分析數據產品（圖22.11）。

已有銷售中的產品該如何調整？

如果你的公司已發展成熟，且有提供許多產品或服務，只要回答下列問題，便可以成功由內容創造營收：「訂閱和不訂閱公司內容的族群有什麼差異？」

讓我們再次檢視River Pools & Spas的成功經驗，在採用內容型策略之前，其主要業務是裝設玻璃纖維泳池，不過River Pools觀察公司部落格內容的互動情況後，發現如果觀眾群至少瀏覽三十頁的內容，並且主動預約現場介紹服務，有八成的機率會完成交易。在這個產業中，平均僅有一成的顧客會預約現場服務，所以在這個特殊案例中，銷售量有機會成長八倍。

此外，River Pools也會觀察特定文章的效果，公司透過行銷自動化系統（River Pools選用HubSpot）發現，一篇標題為「玻璃纖維游泳池要價多少？」的部落格文章，竟帶來兩百萬美元以上的銷售額。這種投資報酬率不錯吧？

另一例是美國運通觀察到，在旗下的內容平台「開放論壇」（Open Forum）上，新信用卡的申辦次數多於任何一種數位管道，為什麼？因為一旦使用者加入論壇（等同於訂閱內容），公司便會開始追蹤使

* http://www.propublica.org/

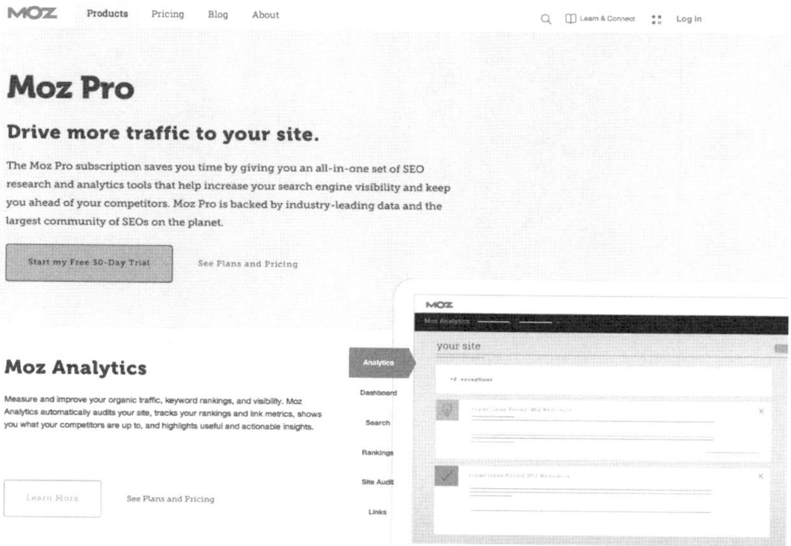

圖22.11　Moz透過銷售分析數據以及引擎最佳化指標產品，打造出市值三千萬以上的事業。

用者的行為，並且在正確時機提出信用卡申辦方案。

如果你尚未釐清自身內容的影響力，可以從以下幾道問題開始思考：

- 訂閱人的消費意願是否較高？
- 訂閱人是否較願意購買新商品？
- 訂閱人消費時是否在網站停留較久？
- 訂閱人是否較常在社群媒體談論你的品牌（口碑）？
- 訂閱人是否比非訂閱人更快關閉網頁？
- 平均而言，訂閱人是否比非訂閱人消費更多？

以上任一問題都是你應該投資「內容創業模式」的原因。

CMI與MarketingProfs最近期共同發表的指標研究，主要是調查北美地區B2B行銷人員所在組織的目標排名（圖22.12）。長期製作具吸引力的內容有諸多益處，更有助於事業發展，只是你必須找到值得投資的益處。

「內容創業模式」觀點

- 透過內容和訂閱人創造營收的方式不僅一種。

- 有時候，出乎意料的機會才是最佳營收管道。因此千萬不要過度執著於目前主要的營收來源，以免錯失更好的機會。
- 部分出色的內容型事業會以多種方式，透過觀眾群創造營收。

參考資料

Pamela Muldoon, "How Doug Kessler Went from limos to Crap to Content Marketing Success," ContentMarketingInstitute.com, accessed April 28, 2015, http://contentmarketinginstitute.com/2015/03/kessler-b2b-content-marketing-podcast/.

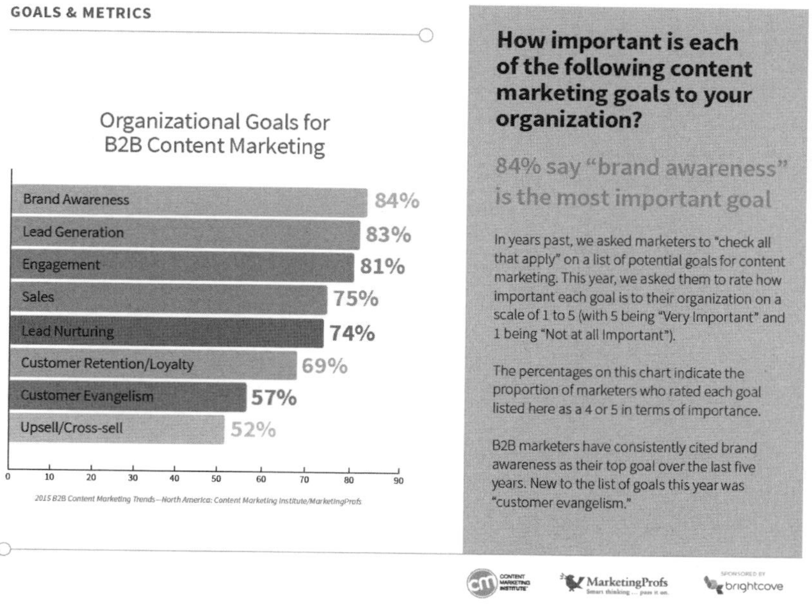
GOALS & METRICS
Organizational Goals for B2B Content Marketing
Brand Awareness 84%
Lead Generation 83%
Engagement 81%
Sales 75%
Lead Nurturing 74%
Customer Retention/Loyalty 69%
Customer Evangelism 57%
Upsell/Cross-sell 52%
0 10 20 30 40 50 60 70 80 90
2015 B2B Content Marketing Trends—North America: Content Marketing Institute/MarketingProfs
How important is each of the following content marketing goals to your organization?
84% say "brand awareness" is the most important goal
In years past, we asked marketers to "check all that apply" on a list of potential goals for content marketing. This year, we asked them to rate how important each goal is to their organization on a scale of 1 to 5 (with 5 being "Very Important" and 1 being "Not at all Important").
The percentages on this chart indicate the proportion of marketers who rated each goal listed here as a 4 or 5 in terms of importance.
B2B marketers have consistently cited brand awareness as their top goal over the last five years. New to the list of goals this year was "customer evangelism."
MarketingProfs
brightcove

圖22.12　各企業針對內容行銷策略設定諸多目標。

Grant Cardone, "The Seven Secrets of Self-Made Millionaires," Entrepreneur.com, accessed April 28, 2015, http://www.entrepreneur.com/article/222718.

Rob Scallon, interview by Clare McDermott, February 2015.

Joe Crea, "Michael Symon Signature Knives Can Be Part of Your Kitchen Tools Later This Year," Cleveland.com, accessed April 28, 2015, http://www.cleveland.com/dining/index.ssf/2015/02/michael_symon_signature_knives.html.

"Michael Symon," Wikipedia, accessed April 28, 2015, http://en.wikipedia.org/wiki/Michael_Symon.

Ivan Walsh, "Case Study: how Copyblogger Shifted from Blog Publishing to Product Development," ivanwalsh.com, accessed April 28, 2015, http://www.ivanwalsh.com/case-study/copyblogger/.

Marc Andreessen, "Why I' m Bullish on the News," Politico.com, accessed April 28, 2015, http://www.politico.com/magazine/story/2014/05/marc-andreesen-why-im-bullish-on-the-news-105921.html.

CrunchBase, "Mark Andreessen," Crunchbase.com, accessed April 28, 2015, https://www.crunchbase.com/person/marc-andreessen.

Marc Andreessen, "The Future of the News Business," a16z.com, accessed April 28, 2015, http://a16z.com/2014/02/25/future-of-news-business/.

Stuart Dredge, "YouTube Star The Diamond Minecart launches App for His Minecraft Videos," theguardian.com, accessed April 28, 2015, http://www.theguardian.com/technology/2014/nov/28/youtube-minecraft-the-diamond-minecart-app.

IAB, "Native Advertising Report," iab.net, http://www.iab.net/nativeadvertising.

Hexagram, "State of Native Advertising Report," hexagram.com, accessed April 28, 2015, http://stateofnativeadvertising.hexagram.com/.

Terri Thornton, "Native Advertising Shows Great Potential, but Blurs Editorial Lines," pbs.org, accessed April 28, http://www.pbs.org/mediashift/2013/04/native-advertising-shows-great-potential-but-blurs-editorial-lines092/.

Benjy Boxer, "What Buzzfeed' s Data Tells Us About the Price of Native Advertisements," Forbes.com, accessed April 28, 2015, http://www.forbes.com/sites/benjaminboxer/2013/09/10/what-buzzfeeds-data-tells-about-the-pricing-of-native-advertisements/.

David Amerland, "how Native Advertising Is going to Change Marketing in 2014," socialmediatoday.com, accessed April 28, 2015, http://www .socialmediatoday.com/content/how-native-advertising-going-change-marketing-2014-video.

Mitch Joel, "We Need a Better Definition of 'Native Advertising,'" hbr.org, accessed April 28, 2015, https://hbr.org/2013/02/we-need-a-better-definition-of/.

Adweek, "The 4 Major Digital Ad Formats Face Off," adweek.com, accessed April 28, 2015, http://www.adweek.com/news/advertising-branding/4-major-digital-ad-formats-face-161667.

Michael Winkleman, "Branded Content Trends in 2014," commpro.biz, accessed April 28, 2015, http://www.commpro.biz/marketing/branding/branded-content-trends-2014/.

Seth Price, "The Craft of Marketing Podcast," Kickstarter.com, accessed April 28, 2015, https://www.kickstarter.com/projects/sethprice/the-craft-of-marketing-podcast.

第八部　升級內容型模式

知識若沒有經過持續精進、質疑、並提升，將不復存在。

——————————彼得・杜拉克（Peter Drucker）

發掘甜蜜點、轉換內容、穩固基礎、吸引觀眾群、擬定營收策略，完成這些步驟之後，應該如何保持「內容創業模式」的動能？

第二十三章
化零為整

除非你打算往回走，否則永遠別回頭。

——亨利・大衛・梭羅（Henry David Thoreau）

二〇〇一那一年，喬伊・周（Joy Cho）剛拿到雪城大學傳達設計的藝術學士學位，她移居紐約找工作，開始踏入設計師生涯。喬伊進入紐約的一間高端廣告公司，擔任平面設計師的職位，主要與幾位客戶合作。

設定目標

在紐約做過幾份設計師工作之後，喬伊追隨男友（現為丈夫）移居費城，而在尋找下一份工作過程中，她開始成為自由工作者並且經營部落格Oh Joy!。儘管當時經營部落格只是興趣，卻吸引了大量讀者，於是有位客戶尋著喬伊在部落格分享的作品，聯繫她並表達合作意願。不久之後，喬伊放棄尋找正職工作，決定開設獨立設計工作室，成為全職自由工作者。雖然喬伊熱愛設計工作（大致上而言），卻發現自己難以透過這份工作獲得優渥收入，她總是忙於尋找和留住客戶，才得以支付開銷。當她和姊夫（同為自由平面設計師）談起自食其力的困難時，姊夫表示：「為什麼不可能？你當然可以用自己的興趣賺大錢，只是你必須要有信心。」

就在當時，喬伊開始寫下自己（遠大）的財務目標（至今她仍保持這個習慣），正是這個簡單的舉動讓她有動力繼續創作，並且立定用興趣賺大錢的目標。

甜蜜點

喬伊的專業技能是平面設計，大學主修傳達設計，因此她了解設計與時尚業的作品偏好（知識領域）。同時，喬伊對於設計多樣化十分感興趣，不甘於製作一再重複又毫無新意的橫幅廣告或客戶簡報，她希望每天都能設計不同的作品（興趣），而正是多樣化為她帶來了嶄新機會：喬伊的甜蜜點是設計、時尚，以及多樣化的結合（圖23.1）。

轉換內容

喬伊天生具有真誠的特質，她熱愛分享自己的想法與創意，也知道如何拿捏平衡、適切的與他人分享。在一次Glamour雜誌的訪談中，喬伊表示自己其實偷偷仰慕著「依照自己的節奏做事、完全不在乎他人看法」的人。雖然喬伊無法時時保持這種態度，但長時間以來，她發現非常重要的一點是：做自己喜歡的事，而且別太擔心其他人的看法。

喬伊觀察到，自己的分享模式對喜愛設計與時尚的觀眾群極具吸引力。正如*Fast Company*網站的撰稿人麥可・葛羅特豪斯（Michael Grothaus）指出：「儘管大眾對專業有興趣，平易近人也是一項價值。」喬伊的觀眾群其實並不想聽到「專家建議」，而是希望她不賣弄專業的分享心得，並且樂意和觀眾群一起探索、找到答案。就是這種真誠的態度加上甜蜜點，讓喬依找到轉換內容的關鍵（圖23.2）。

穩固基礎

在換工作的過渡時期，喬依決定開始經營部落格Oh Joy!（二〇〇五年九月七日），她用第一篇文章說明部落格可能會發表的內容：

1. 自由設計師的工作經驗、購物、居家，以及酷炫的視覺相關主題。
2. 剛訂婚、熱戀中、正在籌備婚禮。
3. 三隻貓的飼主。在此聲明，我可沒有一次養三隻貓……這是我和未婚夫合併資產後的結果……一＋二＝三。
4. 貝絲的摯友，沒有她、就沒有我的部落格。部落格名稱也是她的功勞。
5. 任何時候……都熱愛食物和大吃。你可能會懷疑如此瘦小的亞裔女孩怎麼會如此愛吃，不

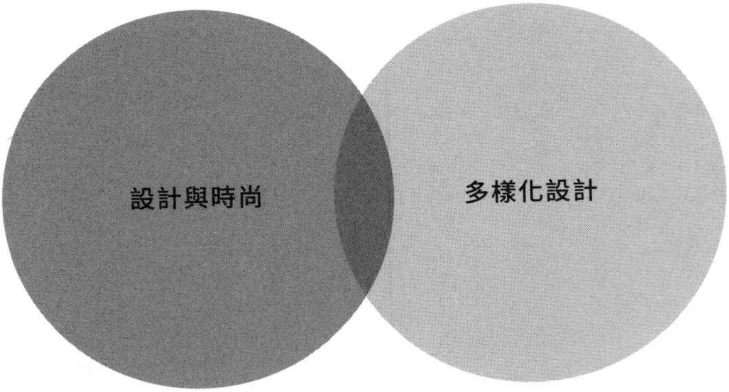

圖 23.1　喬伊・周對多樣化的設計有極大熱誠，再結合設計與時尚的知識領域，便形成屬於她的甜蜜點。

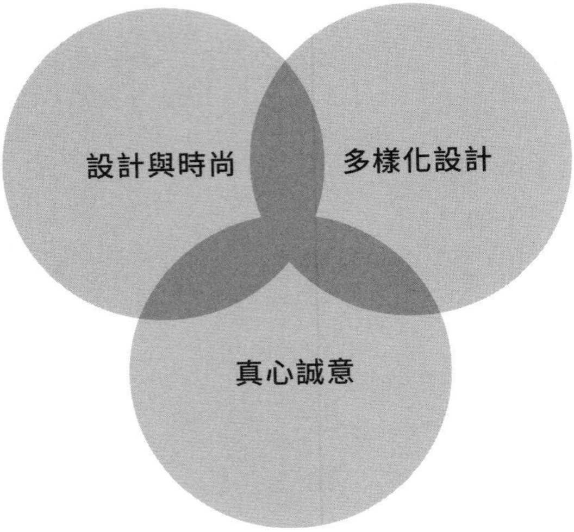

圖 23.2　喬依轉換內容的方式是展現真心誠意，再結合原有的甜蜜點，便是極為強大的組合。

過說真的，這就是我。

6. 最後一點，我是超級書呆子。長大後的這幾年，我才漸漸接受這個事實：我就是個書呆子／宅女，而且無可救藥。一旦過了二十幾歲，人的書呆子程度就差不多定型了。

第一個月，喬依共發表三十五篇忠於上述宗旨的文章，她的文章極具個性，主題圍繞在各式各樣的時尚與設計訣竅（貓也是主角之一），其中更融入一流的攝影與設計技巧。

自十月開始，喬依維持相同的文章發表頻率，有時甚至一天更新三次。有非常多客戶透過部落格向她諮詢，於是喬依再也沒有回到員工生活。一年之內，喬依有自信可以將部落格當作主要平台經營，藉此開設自己的設計工作室。而隨著平台持續成長，喬依開始採用協同發行模式，另外聘請幾位部落客協助增加網站內容的深度與廣度。這套模式持續數年後，喬依產下第一個小孩，她決定回到自行發表文章的模式，因為她希望部落格再次重拾更人性化的一面。

收成觀眾群

喬依積極的培養忠實觀眾群，同時也有越來越多讀者訂閱她的每日電子報。為符合觀眾群的需求，喬依建立正式的編輯行事曆和工作流程，每天更新三次部落格。由於社群媒體的重要性與日俱增，她也開始在Instagram、Pinterest，以及Twitter培養更多觀眾群，拓展自己的數位足跡。二〇〇八年，《時代雜誌》將Oh Joy!列入全球前百大設計部落格。圖23.3為喬依的部落格擷圖。

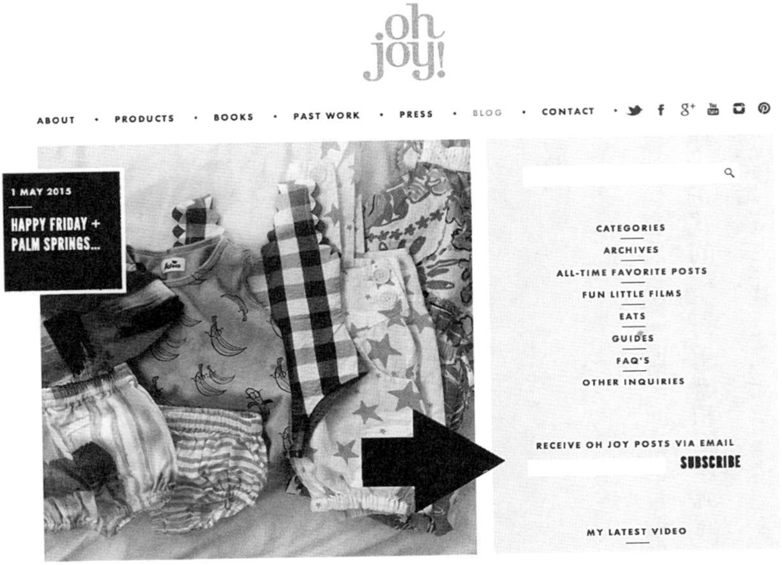

圖23.3　不久前，喬依意識到透過電子報培養觀眾群的重要性。

管道多樣化

形塑個人品牌的三大支柱，已經成為喬依的強大戰力，喬依不僅出版三本書〔《部落格電力公司》（Blog Inc.）、《創意電力公司》（Creative Inc.）以及最新著作《Oh Joy! 六十種創造與傳播歡樂的方法》（Oh Joy! 60 Ways to Create & Give Joy）〕，也在眾多設計與行銷活動擔任專題演講人，甚至有機會與名作家瑪莎．史都華（Martha Stewart）同台。保守估計，喬依廣大的粉絲群如下：

- **Instagram**。追蹤數達二十萬以上。
- **Twitter**。追蹤者超過七萬名。
- **YouTube**。喬依的 YouTube 頻道

上，即使是較不熱門的影片都有好幾千的觀賞次數，目前此平台已累積兩萬名以上的訂閱人。

- **Pinterest**。喬依是此平台上最常被「釘選」的熱門設計師之一，追蹤者超過一千三百萬名。

創造營收

喬依的工作室正持續茁壯；目前喬依有為一些全球知名品牌提供設計企劃的顧問服務。除此之外，喬依也提供產品設計和共同產製的服務，客戶包含零售集團塔吉特（Target）以及微軟等企業，更推出系列文具、壁紙、床具、媽媽包（diaper bag），甚至是電腦週邊產品。近期，喬依則是與嬌生集團合作推出OK繃系列商品，預計會與之前的塔吉特系列產品一樣，迅速銷售一空。

喬依願意以贊助內容（或原生廣告）的形式在網站放置廣告，不過她只與信任的品牌合作，並且會一一確認贊助內容符合觀眾群的需求。

喬依的收入管道十分多元，從直接與客戶接洽的報酬、產品銷售，到贊助、授權金等等。儘管喬依的部落格從二〇〇五年就已成立，但顯然未來仍然希望無窮，喬依．周的巔峰十分值得期待。

完整方案

如同本書列舉的所有內容型事業實例，喬依成功的內容型計畫包含六個明確步驟，馬修．派翠克、達倫．勞斯、安．雷爾頓的事業也是如此，而你當然也不是例外。喬依發掘甜蜜點之後，用真心誠意讓自己成為與眾不同的聲音，在部落格立下穩固基礎，並開始累積忠實的觀眾群，再經由著作和社群媒體多元發展，現在喬依擁有數十個系列的產品、授權合約，以及顧問工作，成功透過平台創造營收。

至於喬依的財務目標……以她自己的說法，每年年初她依舊會寫下遠大又「瘋狂」的年度財務目標，而每一年，她的收穫總會超乎自己的期待。

更多具啟發性的內容型事業實例

盧卡斯．克魯伊山克（Lucas Cruikshank）

克魯伊山克憑借Fred一角（虛構人物，有情緒管理障礙的六歲男孩），打造出史上第一個訂閱人數達到百萬的YouTube頻道，並且趁勢在尼可羅頓國際兒童頻道（Nickelodeon）推出熱門系列節目。目前，克魯伊山克正在規劃第二套「內容創業模式」，單以「盧卡斯」的名義進行，已迅速累積超過百萬名的訂閱數（請參考https://www.youtube.com/user/lucas）。

大衛・謝（David Seah）

大衛在以設計為主題的部落格平台，培養出穩定的追蹤人數之後，開始利用內容型策略創造營收，也就是研發生產力工具。大衛的事業主體是顧問服務，然而，他所開發的緊急工作計畫工具Emergent Task Planner以及具體目標追蹤工具Concrete Goal Tracker，在亞馬遜購物網上架之後，從一週僅售出數件，成長至一個月銷出數千件。大衛認為自己很快就能從這個意料之外的事業退休（請參考http://davidseah.com/）。

Razor Social

依安・克利里（Ian Cleary）一手打造出社群媒體相關工具的首選資源網站RazorSocial.com，儘管市場上有許多時不時介紹社群媒體工具的網站，依安卻發現讀者真正的需求是了解所有相關工具的功能與差異。依安所彙整的工具指南儼然已是行銷人員的資料寶庫，目前該網站每個月都吸引數十萬人次造訪（請參考http://razorsocial.com/）。

蓋瑞・范納洽（Gary Vaynerchuck）

蓋瑞推出的影片部落格「葡萄酒圖書館電視」（Wine Library TV）是最早在全美國獲得知名度內容型事業之一，透過每天推出一則影片，介紹適合「一般人」飲用的葡萄酒，蓋瑞讓家族經營的小型酒類專賣店，搖身一變成為市價數百萬美元的連鎖企業。不久後，蓋瑞創立社群媒體顧問公司Vayner Media，不僅發展極為成功，目前旗下有四百名以上的員工，合作對象更是全球各大品牌（請參考http://vaynermedia.com/）。

葛瑞格．伍（Greg Ng）

葛瑞格在二〇〇八年開始經營冷凍食品評論網站Freezerburns，之後他陸續推出超過一千篇關於冷凍食品的評論，以及七百則以上的影片，現在葛瑞格的每一集節目觀看次數都能輕易達到七萬五千次。葛瑞格．伍表示：「Freezerburns是精心規劃之後鎖定有利可圖且未開發商機的成果。」

樂高公司

樂高向來以擅長說故事聞名，出乎意料大獲成功的代表作則是樂高系列電影。然而幾乎沒什麼人知道樂高自一九八七年就開始推出《積木狂熱》（*Brick Kicks*）雜誌（現為LEGO Club雜誌，請參考http://www.lego.com/en-us/club/）。（我本人從第一期就開始訂閱。）

Red Bull Media House

Red Bull Media House是紅牛品牌下的獨立組織，負責推出雜誌《紅色告示牌》（*Red Bulletin*）（紙本與數位版），目前有六百萬名訂閱人。此外，紅牛透過將影片與攝影作品授權給傳統媒體公司，讓「紅牛媒體」（Red Bull Media House）成為獨當一面的獲利中心。根據紅牛公司內部資訊指出，「紅牛媒體」持有的內容資產將會帶來更多獲利，甚至多於紅牛能量飲料的銷售額（請參考

http://www.redbullmediahouse.com/）。

RockandRollCocktail.com

傑森・米勒（Jason Miller）最為人所知的身分，應該是活躍於社群媒體LinkedIn的內容行銷專家，不過他的「內容創業模式」之所以成功，真正的關鍵是攝影內容。傑森用攝影記錄了史上最經典表演，包括龐克教母派蒂・史密斯（Patti Smith）以及搖滾樂團Smashing Pumpkins的演唱現場。每場表演結束後，傑森都會在Facebook與觀眾群分享幾張重要相片，也因此培養出一群狂熱粉絲。傑森轉換內容的方法是結合行銷與搖滾樂，成功讓自己與眾不同（請參考http://rocknrollcocktail.com/blog/）。

優質生活企劃（The Good Life Project）

優質生活企劃的發起人是連續創業家強納森・費爾茲（Jonathan Fields），這項活動提倡「做好事」而不只是「做事」。強納森每週製作一集網路節目，重點式介紹全球各地正在推行的出色計畫。此外，強納森也成功利用形塑個人品牌的三大支柱，除了經營數位平台，更成為暢銷作家以及頗具影響力的演講人（請參考http://www.goodlifeproject.com/about/）。

Fold Factory

Fold Factory的執行長翠西・威特科斯基（Trish Witkowski）定期推出影片「六十秒看當週超酷

廣告單」(The 60-Second Super Cool Fold of the Week)，並在影片中仔細講解印刷DM的設計，因而成為DM產業的名人。根據安德魯．戴維斯的說法：「翠西推出兩百五十則以上的影片，總觀看次數多達八十萬，擁有三千一百名訂閱人。除此之外，翠西也為數個品牌代言、旅遊各地演講、並且舉辦工作坊。」翠西的內容型計畫直接創造了五十萬美元以上的新收入(請參考翠西的個人頻道https://www.youtube.com/user/foldfactory)。

萬豪集團(Marriott)

二〇一四年終，萬豪集團宣佈成立Marriott Content Studio，宗旨是成為旅遊業首屈一指的媒體資訊企業。和樂高與紅牛在自身產業建立大型內容平台的做法類似，富豪集團認為成為旅遊界的意見領袖，重要性不亞於銷售飯店房位。

STACK Media

尼克．帕拉佐(Nick Palazzo)與查德．齊默曼(Chad Zimmerman)是高中校隊隊友，兩人都深知找到適合高中校隊選手的健身資訊非常困難，基於這項需求，他們創辦網站STACK Media，收錄適合高中運動員學習的專業選手訓練內容，如美式足球選手培頓．曼寧(Peyton Manning)以及NBA選手雷霸龍．詹姆士(LeBron James)的鍛鍊方法。尼克和查德讓STACK成為前十大運動影片流通網站，每月吸引一千五百萬獨立瀏覽人次，更與一萬三千間學校建立合作關係(請參考http://www.stack.com/)。

PewDiePie

瑞典人菲利克斯・阿爾維德・烏爾夫・謝爾貝格（Felix Arvid Ulf Kjellberg），亦即較廣為人知的PewDiePie，是全球YouTube訂閱人數最多的網路名人。自YouTube頻道成立以來，PewDiePie以獨立遊戲（indie games）為主題的影片已累積八十億以上的觀看次數（請參考 https://www.youtube.com/user/PewDiePie）。

EvanTubeHD

你相信YouTube上最有成就的創業家竟然只有九歲而已嗎？EvanTubeHD.com的創辦人伊凡（Evan）在自己的YouTube頻道發表試玩玩具的影片，幾年內訂閱人數就已超過一百萬，觀看次數更達到驚人的十億大關。太不可思議了（請參考 https://www.youtube.com/user/evantubehd）。

Glossier

愛蜜莉・威斯（Emily Weiss）是Glossier的創辦人兼執行長，這間公司以簡易的部落格起家，之後在Instagram及Facebook分別累積了二十萬和六萬名粉絲，從此Glossier成為護膚產品的網路零售龍頭之一。近期，愛蜜莉獲得創投企業Thrive Capital以及其他投資者提供的八百四十萬美元資金，可預期她的事業將持續茁壯（請參考 https://www.glossier.com/）。

總而言之：「耐心」

既然你已經費盡心思走到這裡，我要請你再跨出一步：保持耐心。

當初我從認為自己一敗塗地，到開始打造出大有前景的事業，之間僅有九個月的時間。現在回想，就差那麼一點，我也許就會直接放棄創業，去找份「真正的」工作。

但是我無法想像自己過著另一種生活。我熱愛我的事業、熱愛與家人相處的時間、熱愛彈性的工作時間、更熱愛每天起床後都有新的計畫靈感。如果我當初不夠有耐心，以上這些情景都不可能實現。

我從二〇〇七年開始創業，不過一直到二〇一〇年底，我才開始感覺到事業正在成形。之後CMI連續三年被《企業》雜誌列入美國成長最快速的前五百大私人企業，而現在我們的公司市值達到一千萬美元，同時我還有時間接小孩放學。當然做到這一切並不容易，但是耐心讓一切化為可能：培養忠實觀眾群需要時間，找到適合內容型計畫的營收模式也需要時間。

在這段過程中，我一直堅信「內容創業模式」就是創業的最佳策略。沒錯，「內容創業模式」非常與眾不同……也許有人會認為這是很怪異的創業方式……但相較於一心希望新產品可以大發利市，「內容創業模式」絕對是更有效的策略。請向大衛學習，避免用最一般的方式對抗歌利亞（然後慘敗）；選擇另一條路，讓自己成為具優勢的一方。

駐足不前

在應用「內容創業模式」的過程中，你可能會在某些時刻覺得這套模式的效果不如預期，這是正常現象。對大多數人而言，以「內容創業模式」創業就像利用未知的力量；長年來公司企業習慣透過大眾媒體宣傳，但現在卻要試圖找出其他方式，讓顧客了解公司在產品及服務之外的價值。如果你在推行內容型計畫的過程中遇到阻礙，請回頭複習本章內容，阻礙出現的原因可能如下：

- **內容行銷過於自私**。你製作的內容應該要解決觀眾群的急迫問題，所以請減少提及自家產品與服務。即使內容主題是產品與服務，也應該要讓觀眾群感到與自身相關。
- **半途而廢**。內容行銷失敗的最大主因就是突然中止或沒有持續。請切記，你所傳遞的內容，就如同對顧客的承諾。本書中所提及的實例之所以成功，正是因為這些創業家從未停止創作出色又吸引人的內容。
- **活動重於觀眾**。鼓勵群眾四處分享你的內容或是與內容互動，這類活動本身其實沒有太大意義，除非這是你培養觀眾群的手段。企業最常犯的錯誤就是沒有預先規劃，因此無法順利透過創作及傳播內容培養觀眾群。
- **缺乏觀點**。成為業界專家的條件，就是要獨具觀點。你必須選擇立場，遊走灰色地帶不僅令人感到無趣，重點是通常也無法成功。

- **缺乏流程**。這種情況簡直是天天上演，假設情境：行銷企劃……需要置入的廣告……接著有人問起部落格或白皮書……眾人四處奔走……有人要外出才能拿到內容。務必要預先規劃，再開始創作、重製，以及傳播內容。
- **召喚行動為何？**每一份內容的目標都應該是召喚觀眾行動，或是你期望看到觀眾有特定行為。如果你仔細思考「為什麼」要製作每一份內容，答案會是什麼？自問這道問題，就等同於促使自己釐清呼籲行動為何，或者其實該放棄這份內容（因為缺乏明確目的）。
- **管道侷限**。你是否過度專注於單一管道，而忽略了其他管道？雖然「內容創業模式」需要一個主要平台如部落格，但如果你在拓展計畫時沒有善用全數可用的管道，便無法發揮內容行銷的真正力量。試著模仿媒體公司的思維，最具影響力的媒體公司會同時運用形塑品牌的三大支柱：數位、印刷，以及現場活動。
- **忽視員工**。員工的專業是最容易受到輕視的內容行銷資產。事實上，員工就是品牌的生命泉源，在製作以及傳播內容的過程中，一定要善用員工的能力。不妨從了解這個道理、那百分之五的員工開始做起，接著分享成功經驗，再鼓勵其餘員工加入。
- **訣竅**：避免強迫員工加入其不擅長的工作流程，而是要盡量從員工身上獲得內容素材。
- **簡而言之**：編輯。編輯工作可說是內容行銷流程中最被低估的一環。有時候，創業家並不了解內容初稿只能稱得上是「好的開始」，此這時就該請編輯接手工作。找人手當編輯或是直接聘請一位吧。

那麼，是什麼導致你的「內容創業模式」駐足不前？

向前邁進

沒錯，過程中一定會遇上困難，某些時刻你會懷疑自己是否走在正確的道路上，這對任何創業家或小型企業主而言，都是很正常的情況。不過以下才是事實：過去，創業家負擔不起培養觀眾群的支出；過去，創業家沒有可運用的宣傳管道；過去，觀眾不願意與品牌建立連結。

那都是過去。

讀過本書介紹的「內容創業模式」並加以應用之後，你就有機會改變自己的人生、改變與家人的關係、改變職業生涯，甚至改變世界。我衷心希望你能在此刻把握機會，從此不再回頭。

「內容創業模式」觀點

- 「內容創業模式」的成功條件，就是完成六個明確的步驟。你的模式是否缺了其中一步？
- 是什麼導致你駐足不前？無論原因為何，找出問題後向前邁進。「內容創業模式」就是可以幫助所有創業家改變世界的大好機會。

參考資料

Emily ryles, "Joy Cho of Oh Joy!," theeverygirl.com, accessed April 28, 2015, http://theeverygirl.com/joy-cho-of-oh-joy.

Jane Buckingham, "5 Career Questions with Oh Joy!," glamour.com, accessed April 28, 2015, http://www.glamour.com/inspired/2014/03/job-advice-from-oh-joy-blogger-joy-cho.

Stephanie at Design Sponge, "Biz Ladies Profiles: Joy Cho of Oh Joy!," design sponge.com, accessed April 28, 2015, http://www.designsponge.com/2013/02/biz-ladies-profile-joy-cho-of-oh-joy.html.

Joy Cho, Oh Joy! Blog, accessed April 28, 2015, http://ohjoy.blogs.com/.

Michael Grothaus, "The Secrets of Writing Smart, Long-Form Articles That Go Absolutely Viral," FastCompany.com, accessed April 28, 2015, http://www.fastcompany.com/3042312/most-creative-people/the-secrets-of-writing-smart-longform-articles-that-go-absolutely-viral.

Time Staff, "30 Most Influential People on the Internet," Time.com, accessed April 28, 2015, http://time.com/3732203/the-30-most-influential-people-on-the-internet/.

"Lucas Cruikshank," Wikipedia, accessed April 28, 2015, http://en.wikipedia.org/wiki/Lucas_Cruikshank.

David Seah, interview by Clare McDermott, February 2015.

David griner, "After 1,000 Meals, Here' s What Made the Frozen Food Review King Call It Quits," adweek.com, accessed April 28, 2015, http://www.adweek.com/adfreak/after-1000-meals-heres-what-made-frozen-food-review-king-call-it-quits-159850.

Marriott News Center, "Marriott International' s Content Studio rapidly Expands Presence," Marriott.com, accessed April 28, 2015, http://news.marriott.com/2014/12/marriott-internationals-content-studio-rapidly-expands-presence-with-additional-content-development-.html.

"PewDiePie," Wikipedia, accessed April 28, 2015, http://en.wikipedia.org/wiki/PewDiePie.

Kim Mai-Cutler, "Glossier CEO on Building a Skincare, Cosmetics Empire Online at Disrupt NY," Techcrunch.com, accessed on June 11, 2015, http://techcrunch.com/2015/04/16/glossier-2/.

Tracey Harrington McCoy, "The Most Popular Kid You' ve Never Heard Of," Newsweek.com, accessed on June 11, 2015, http://www.newsweek.com/2013/11/01/most-popular-kid-youve-never-heard-243854.html.

第二十四章
加入行動

革命不是等待蘋果成熟落地；而是由你動手摘下。

——切・格瓦拉（Che Guevara）

我開始寫作這本書之後，很快便發現市場對「內容創業模式」這個主題的需求有多麼迫切，而且，像我這樣的「內容創業模式」信徒，怎麼能夠「只是」寫一本書，內容卻沒有囊括其他參考資源。簡單來說，我必須先進行內部測試，才能將資訊提供給讀者。

以下就是我認為重要且實用的資源清單，有助於你執行內容型計畫：

- **Content Inc. 網站**。這是「內容創業模式」的官方網站，隸屬於CMI，你可以由http://www.content-inc.com進入所有網站內容。另外也別忘了訂閱電子報接收最新資訊，電子報內容包含免費網路研討會以及未來的活動計畫，當然也包含一些極具價值的內容。
- **Content Inc. Podcast**。每週一與週二，我會推出一集簡短的Podcast節目，通常長度不會超過十五分鐘。我也嘗試設計出適合邊做事邊聽的節目內容……所以如果以一般跑步速度計畫，三集節目的時間大約可以跑完五公里。如想透過iTunes或Stitcher訂閱Podcast，請連結至http://cmi.media/CI-podcast。

- **Content Inc.高峰會**。屬於內容行銷世界研討會的活動環節之一。每年九月在俄亥俄州克里夫蘭，我們會針對「內容創業模式」舉辦一日活動，通常會在九月前半登場（端看當年美國勞工節日期）。如想了解活動詳細資訊，請造訪http://cmi.media/CI-summit。

新一代「內容創業模式」

當「內容創業模式」旅程進入後期，你會發現自己需要更多資源、更具洞察力，才能讓事業持續成長。

以下是值得參考的資源：

- **Epic Content Marketing**。本人的第三本著作有助於你在研發產品與服務時，決定顧客區隔和參與週期。
- **羅伯特．羅斯和卡拉．強森的著作Experiences: The 7th Era of Marketing**。隨著事業成長，透過內容創造更吸引人的體驗也益加重要，羅伯特和卡拉的著作就是在說明如何做到這一點。
- **阿德斯．阿爾比的著作Digital Relevance**。阿德斯是培養潛在客戶和整合內容的首席專家，而在你為行銷自動化收購任何技術平台之前，務必要閱讀這本書（http://cmi.media/CI-ardath）。

- **申恩·史諾**（**Shane Snow**）**的著作《聰明捷徑》**。申恩在書中引用了數個「內容創業模式」實例，目的不是指出培養觀眾群的捷徑，而是彙整出更聰明的策略（因此書名是《聰明捷徑》）。
- **安·漢德利的著作《大家都能寫出好文章》**。《內容電力公司》（本書）的宗旨並非幫助讀者學習如何有效的寫作，但安的著作目的就是如此。如果你需要寫作方面的協助，請閱讀這本書。
- **蓋伊·川崎的著作《創業的藝術2.0》**（***Art of Start 2.0***）。我剛開始創業時，拜讀的第一本書就是川崎的《創業的藝術》，對我的影響可說是立即見效。近期，川崎更新了原有內容，而新書非常精彩（http://cmi.media/CI-ArtStar）。
- **史考特·史崔登**（**Scott Stratten**）**的著作《反行銷的驚人吸客術》以及《不銷售》**（***Unselling***）。史考特利用史上最糟糕的社群媒體案例，告訴企業如何在網路上創造真正的曝光機會，完全不需要採用複雜的銷售或行銷策略（http://cmi.media/CI-stratten）。

除了本書提供的數百條參考資料之外，你也可以參考下列的實用網站：

- **Sorry for Marketing部落格**。傑伊·阿昆佐經營的精彩部落格，著重內容創作與分析（http://cmi.media/CI-sorry）。

- **Orbit Media部落格**。每當我遇上網站相關問題，通常都會造訪安迪・克里斯多荻納（Andy Crestodina）的部落格尋找解答（http://cmi.media/CI-orbit）。
- **「說服與轉換」公司網站**。沒錯，網站內有不少出色又實用的內容，但如果你想了解成功的「內容創業模式」如何運作，參考創辦人傑伊・貝爾的做法就對了（http://cmi.media/CI-convince）。
- **TopRank Online Marketing部落格**。李・歐登（Lee Odden）以部落格Toprank發展出屬於自己的內容型平台，他和工作團隊會在此討論全球各地最迫切的行銷挑戰（http://cmi.media/CI-toprank）。

結語

雖然我現在比較難遵守這項承諾（因為聯絡我的人越來越多——算是甜蜜的負擔），不過我會盡力回應所有的推文和電子郵件，你可以透過Twitter @JoePulizzi以及電子郵件joe@zsquaredmedia.com聯繫我。我已經開始減少演講的次數，不過未來一年我還是有幾場演說活動，而如果你想進一步了解如何請我擔任活動演講人，請參考JoePulizzi.com的詳細說明。

感謝你閱讀本書，我衷心希望你能從中獲得寶貴的經驗。

現在就著手改變人生吧，追求不凡！

謝辭

感謝CMI所有員工，你們是世界上最優秀的員工，也是獨一無二又才華洋溢的一群人。盡情發揮吧！

特別感謝克萊爾·麥克德莫特負責本書大部分的採訪，也特別感謝蜜雪兒·林恩協助本書內容，還有感謝約瑟夫·卡利諾斯基擔任行銷總監（在你面前我永遠都只是個毛頭小子）。

衷心感謝我的恩師以及本書第一任編輯吉姆·麥達莫，沒有你，就沒有今天的我。

感謝我的父母泰瑞與東尼，無論我做什麼都全力支持。

向我在西園的朋友庫里奧一家致謝，你們是最完美的朋友。

親愛的兒子亞當和約書亞，千萬不要安於現狀，要與眾不同，勇於追求夢想。我以你們為榮。

我的摯友潘，和你度過的每一天都比昨天更加精彩，我愛你。

我靠著那加給我力量的，凡事都能做。（腓立比書4:13）

附錄A

CMI撰稿人／部落格準則

感謝您有意與CMI合作，以下將會詳細說明本公司期望的文章類型，以及公司內部的編輯流程。

CMI的編輯宗旨是促進內容銷實務。部落格的核心是教學型文章，但公司現已拓展編輯核心業務，願意考慮採用任何真正有助於本產業進步的文章。

CMI的觀眾群

基本上CMI的教育對象是所有從事內容行銷工作的讀者，不過目標讀者是大型至中型B2B與B2C企業組織內的行銷人員。

交件規定

針對客座撰稿人，CMI僅提供有限的文章發表數量，且僅會接受符合下列規定的文章：

- 文章須有促進內容行銷實務的功能。CMI僅接受可提供內容行銷人員新穎觀點的文章（亦即本公司不會採用重新包裝舊有想法的文章）。
- 文章須具有實用性。文章形式未必需要一一標示步驟，但必須含有明確重點或重要觀念。
- 文章須兼顧邏輯與趣味。
- 文章須針對內容行銷人員撰寫。

下列為本公司期望的文章類型。

教學型文章

本公司期望文章內容詳盡，清楚說明如何完成目標事項；提供樣本範例、列表式清單，以及標明步驟等方式皆可。

實例如下：

- 〈如何針對內容行銷擬定編輯行事曆〉（How to Put Together an Editorial Calendar for Content Marketing）(http://cmi.media/CI-editcal)
- 〈完成部落格文章後該做的七件事〉（7 NEW Things to Do After You've Written a New Blog Post）

(http://cmi.media/CI-blogpost)

- 〈利用簡易計畫工作表大幅提升內容行銷生產力〉(An Easy Planning Worksheet That Will Jump-Start Your Content Marketing Productivity)(http://cmi.media/CI-worksheet)

「思想領袖型」文章

內容行銷是發展迅速的產業，因此本公司期望能夠分析趨勢並預測未來走勢。您認為有哪些主題值得討論，有助於驅動產業進步？是否想指出部分現行做法並不正確，或效果不佳？當前趨勢又是如何？實例如下：

- 〈內容行銷：內容越多越好的謬誤〉(Content Marketing: The Fallacy That More Content Is Better)(http://cmi.media/CI-morecontent)
- 〈Oracle 收購 Eloqua：是否對內容行銷產業產生影響？〉(Oracle Acquires Eloqua: Will Content Marketing Be Impacted?)(http://cmi.media/CI-eloqua)
- 〈內容行銷反對派誤解的六件事〉(6 Ways the Content Marketing Backlash Is Getting It Wrong)(http://cmi.media/CI-backlash)

內容行銷職涯文章

當內容行銷演變成為產業，許多讀者的職業生涯也隨之受到影響。因此本公司期望此類文章能夠分享個人經驗或具體思維，指出行銷人員規劃職涯時應考量的事項。實例如下：

- 〈內容行銷最佳實務典型：現代行銷長的五項秘訣〉（Content Marketing Best Practices: 5 Tips for the Modern CMO）（http://cmi.media/CI-modernCMO）
- 〈生涯發展內容行銷〉（Content Marketing for Career Development）（http://cmi.media/CI-careerdev）

內容行銷工具與技術文章

當文章主旨為介紹特定內容行銷工具與技術，且符合下列條件時，本公司會考慮採納：

- 介紹免費工具（例如：Twitter、LinkedIn、Facebook）。
- 作者與文內提及技術廠商並無關聯，也未因此收取費用。
- 文內不討論工具或技術的競爭優勢。

CMI偶爾會在Technology Landscape系列，或是囊括各類工具介紹的文章提及付費工具。為提升文章獲採納的機率，請參考下列建議：

- 盡可能運用實際範例和／或個案分析，闡述文內提及的概念。實例：〈內容行銷善用公關的四種方式〔個案分析〕〉（4 Ways to Use PR in Your Content Marketing Efforts [Case Study]）（http://

cmi.media/CI-PR）

- 強烈建議使用影片、相片、圖表、擷圖等等的視覺內容，嵌入新型態內容平台也是可行做法。實例：〈不凡的內容行銷專家：二十多位出色女性〉（Epic Content Marketers: 20 More Women Who Rock）（http://cmi.media/CI-womenrock）
- 文章須提供詳細說明或明確建議，協助行銷人員將文中概念應用於內容行銷實務。實例：〈提升尋獲率的網頁描述必備指南〉（The Essential Guide to Meta Descriptions That Will Get You Found Online）（http://cmi.media/CI-meta）

再者，本公司拒用下列類型的文章：

- 文章缺乏重點、沒有組織，或排版凌亂，無法吸引讀者目光。另建議作者利用子標題、項目符號清單，以及粗體字標明重要概念與實踐要點。
- 文章明顯為連結誘餌，因模仿舊文而缺乏原創觀點或實務討論。
- 文章以社論對頁版面（op-ed）形式寫作，僅指出議題的重要性，卻未說明該議題對內容行銷人員有何實質幫助。
- 已公開發表過的文章。
- 白皮書或廣告內容意在宣傳單一產品或服務優於其他選擇。
- 文章著重於內容行銷基本事項（例如針對特定觀眾群寫作、為製作內容預留時間或尋找靈感等等），或是僅概略說明較為複雜的主題（如內容製作、搜尋引擎最佳化，或是讓內容更具「互動性」）。

由於收件量龐大，若客座文章要求本公司交換連結（link exchange），本公司恕不回應，該類文章也不予採納。

為何該與CMI合作？

如您所知，與內容行銷專家組成的觀眾群分享專業，是提升業界知名度的好方法。

許多與CMI合作的部落客都曾表示，不少新的事業機會都是直接源於自己在CMI發表的文章（有時甚至是超過一年前所寫作的文章！）

另外，也有不少人士詢問本公司的職位空缺，或是希望能參與「內容行銷世界研討會」。不過與CMI合作的最佳方式就屬成為活躍的部落客，並且提供本公司內容充實且詳盡的文章。這類人才正是CMI長期尋找的合作對象。

內部編輯流程

本公司收到文章之後，首先會依據採用標準審稿，工作團隊可能需要經過數日才能判斷是否錄用新文章。由於收件量龐大，必須請您耐心等待本公司完成審稿與製作流程。

如果您的文章符合採用標準，也適合CMI的觀眾群需求，本公司會於收件後七個工作日內，表達本公司有意於審稿後發行文章。

請注意：由於收件量龐大，如果您的作品不符標準，本公司恕不另行通知。

至於本公司考慮採納的文章，平均審稿時間為十個工作日，但實際審稿天數會受到總審稿量影響而延長或縮短。

文章確認將會發行後，通常會排程於兩週內發表。儘管本公司無法保證滿足所有對發行時間的要求，但CMI的編輯團隊會盡可能配合撰稿人的需求。

宣傳與社群媒體傳播

CMI會透過Twitter、LinkedIn、Facebook以及其他相關社群平台宣傳所有更新文章，本公司也鼓勵撰稿人透過自身的社交網絡宣傳作品。

重新發行與重製

儘管CMI僅採用並發行原創且未經公開發表的內容，不過在符合以下要求的前提下，本公司十分樂意讓合作撰稿人自行重製作品並發表於其他平台：

文章發表於CMI平台與發表於其他網站之間的間隔，應至少有兩週時間。

重新發行您的文章時，皆須註明CMI為原始資料來源，並且提供CMI的文章連結。

所有CMI的文章如需進行內容重製，皆須符合線上內容重製合理使用標準（http://cmi.media/CI-fairuse）。

其他繳交資料

- **個人簡介**。個人簡介理想長度約六十字，其中應包含Twitter帳號，以及其他有需要展示的相關連結（例如：部落格、Facebook粉絲頁、網站連結等等）。
- **個人近照**。CMI選用網站Gravatar（http://cmi.media/CI-gravatar）管理合作撰稿人的半身照，因此新的合作對象需要先在該網站創立帳號並上傳個人照。完成上述步驟後，請告知本公司您用於申請帳號的電子郵件地址，以便將個人照與作者簡介連結後用於您的文章。
- **主題封面圖**。本公司會請撰稿人提供高解析度的圖片，作為該作者每篇文章的「封面」圖，可以選擇照片、圖表、擷圖，或是設計圖案，只要能夠以吸引人的視覺形式展現文章主題即可。圖片可以取自網路或圖庫服務，前提是圖片不需經過授權（或是可採用「公用授權」或「創用CC授權」模式使用），或是您本身擁有著作權。如果圖片須註明創作者，請提供必要的來源資訊，以便本公司標註創作者與來源。

如果您有意提交文章或寫作想法，或是有任何疑問，歡迎透過blog@contentinstitute.com聯絡本公司。也歡迎新合作的撰稿人提供有助於本公司選稿的其他作品實例。

附錄B
CMI內部發行流程

CMI內容部副理蜜雪兒・林恩著

二〇一〇年，我有幸加入喬的創業之旅，當時內容行銷學院（CMI）才剛成立。現在回想那段（瘋狂）時期，我們以超小規模團隊完成了許多目標，不過大部分的工作流程都是臨時安排和實驗性質，甚至是錯誤連連。

快轉至二〇一五年，CMI已推出新的部落格平台（不久後將會再加入新平台），而在這個時期，完善的流程已經不只是可有可無的一環，而是不可或缺的關鍵。重點並不在於團隊人手不夠（我們的確有足夠的人手），而是在於人數越多，就越需要固定的流程，工作才能以一致的方式完成，公司也才不會淹沒在電子郵件之中，導致眾人必須費時釐清工作權責。

下列資訊以及列表清單是CMI製作部落格文章的整體流程，當然，從我寫下這篇文章到《內容電力公司》出版這段時間，公司的流程會與時俱進的改變，不過讀者還是可以透過本文大致了解CMI的工作架構，並且從我們的錯誤中學到經驗（不過有時候其實已經無計可施了）。

建立團隊

深入了解製作部落格文章的流程之前，先詳細說明編輯團隊需要的成員，會有助於理解工作全貌。以CMI為例，編輯團隊成員如下：

- 莉莎．多爾蒂：負責管理編輯行事曆，並且與各部落格撰稿人溝通。
- 安．琴恩：負責編輯全數文章，確保文章有邏輯、流暢、架構完整。
- 亞特里．羅爾斯頓：負責校閱全數文章並上傳至WordPress平台。

安、亞特里，以及莉莎．希格斯（Lisa Higgs）會協助各個部落格的工作，而莉莎．多爾蒂則是專注於管理CMI官網。

訣竅：當你的部落格產量偏高，而且有與外界撰稿人合作時，會需要一位部落格管理人，這個職位的人選需要具備良好溝通能力、人際關係，以及商業禮儀的，更重要的是，你必須完全信任此人可以完成所有任務。部落格管理人需要有培養良好雙方關係的能力，不論是對外或對內部成員都是如此，當然也必須有強大的專案管理能力，另外，求知若渴和重視過程也是不可或缺的特質。

在CMI部落格的演進歷程，原本僅由一個人負責管理網站。最早是由我擔任這個職位，後來由茱迪．哈里斯接手，負責管理行事曆、與撰稿人的互動，以及全數的編輯作業。然而，隨著部落格發表的文章增加——也為提供撰稿人最佳的合作體驗，畢竟他們是CMI社群的核心——公司將所有工作分派給兩個職位：一人負責管理行事曆與撰稿人，另一人則負責編輯作業。

以CMI這種更新頻率偏高的部落格而言，我認為現行的工作架構更加理想：

- 兩人相互腦力激盪的效果極佳，可以討論該發表哪些內容、哪些標題最吸引人等等。
- 當成員可以在需要時休假，整套工作模式就越能長期延續——即使成員有變動，管理也較為容易。

訣竅：聘請一位出色的技術編輯負責檢查所有發行前的文章，絕對是值得的投資。雖然團隊中有其他編輯，但技術編輯可以提供不少協助：就最終版本的內容提出新見解，以及完全專注於校稿作業。

換句話說，如果你的事業才剛起步，發表文章的時程並不緊湊，也許兩人團隊就足已分攤工作：管理編輯負責審稿和安排文章發表時程（有時可能需要寫作），而技術編輯則負責在發行內容前檢查所有細節。

「智慧內容」（Intelligent Content）（CMI的子品牌）正是採用類似的作業模式，馬夏亞．萊福．強斯頓是「智慧內容」部落格的管理編輯，負責寫作和編輯工作，同時也是社群中參與對話、提出問題的活躍成員，更是部落格的出色人才。「智慧內容」部落格每週發表兩篇文章，更新頻率遠低於CMI部落格，因此馬夏亞的職責等於是結合莉莎．多爾蒂和安．琴恩的工作內容。莉莎．希格斯負責校對所有文章，而我則負責從較高層次審稿，確保所有內容都符合CMI的整體編輯策略（和我在CMI部落格的工作相同）。

訣竅：雖然管理編輯本身就須具備許多重要能力，如果你需要一位也有寫作能力的編輯（類似我們推出新部落格的情況），最好聘請在業界有人際網的專家。這類人才不僅有能力發掘好故事，更可以找到領域內最優秀的撰稿人（如有需要也能輕鬆找到幫手）。

部落格管理流程

CMI部落格所收到的文章數量遠超過公司負荷，就許多方面而言，這算是甜蜜的負擔，但反過來說，最終沒有採用的眾多內容，也導致公司的溝通量暴增。因為如此，CMI與撰稿人合作的流程經過多次修正，我們試圖盡量把時間投注在發行最出色的內容，但也尊重所有願意付出時間創作內容的撰稿人。

以下是CMI遵循的步驟：

首先檢視所有文章，確認內容是否符合CMI部落格的宗旨。莉莎．多爾蒂是CMI的聯絡中心，負責聯繫所有提交文章的撰稿人以及回應各種提問。

訣竅：如果你的部落格有採用撰稿人提供的內容，最好擬定一份易於分享的部落格準則。此外，不妨向CMI學習，清楚聲明僅接受完整的文章；CMI不考慮採用簡報式的內容，因為由撰稿人的全文，最容易判斷這篇文章是否有資格發表於部落格。

如果我們迅速發現一篇文章不適合發行，會儘速通知作者。

而如果一篇文章有潛力登上部落格，便會被排入CMI的編輯追蹤表／行事曆（後文會詳細說明）。編輯團隊也有建立一個中央資料庫，將所有投稿文章儲存於Dropbox，如此一來，所有團隊成員都能輕鬆存取全數文章。我身為內容部副理是CMI第一道防線，負責檢查所有可能發表的文章，確保內容符合整體編輯原則和實務準則。以此為出發點，下個階段可能會有三種狀況：

- 若文章不符要求，由莉莎通知作者。
- 屬於「錄取邊緣」的文章由安再次審稿，莉莎則通知作者編輯時間需要延長。
- 確定可發行的文章由安開始編輯，品質良好且符合CMI部落格準則的文章，或是定期合作對象的作品，通常可以快速完成編輯。

訣竅：可以針對常見的交稿情境，擬定各種通知範本，編輯團隊可以依實際情況修改後，再以電子郵件寄出通知，此舉可省下大量時間（尤其當主要負責對外聯絡的人員不在辦公室，這個方法將會幫上大忙）。

如果一篇文章有發表的機會，莉莎就會將文章排入編輯行事曆中，接著在預定發表日期的同一行，註記作者姓名、文章標題、圖檔類型（專門設計或CMI圖庫的圖片）、整體進度，以及文章發表進度。

CMI越來越重視對旗下部落客的管理，也願意投入時間經營。畢竟CMI在許多方面都必須仰賴具有影響力的合作對象，例如為部落格撰文、在活動擔任演講人、參與Twitter聊天室、在網路研討會演說等等，而些合作對象也經常為CMI宣傳口碑。因此，CMI旗下的部落客就同於具有影響力的重要人物，這不只是對CMI而言，對整個產業更是如此，所以我們當然希望能創造完美的合作經驗。

部落格發行檢查清單

檢查清單並非無所不能，不過卻是極為實用的發行流程工具。以下列舉幾種我們在製作所有部落格文章時會用到的清單。

訣竅：針對有固定模式的文章類型建立範本，會是很有效的方法。例如，CMI的Podcast節目記錄有標準的分段與連結格式，作者每週只需要套用範本製作新的節目記錄即可，如此作者和編輯團隊都可以節省時間（而且產出內容也較為一致）。

編輯團隊檢查清單

部落格文章定稿之前，必須先確認這幾道問題：

編輯檢查清單

- 文內是否有錯誤或不一致之處？文章結論是否有邏輯？
- 文章是否有提出可實踐的下一步驟？讀者閱讀文章之後是否能夠得知如何行動？
- 文章是否包含有助於快速瀏覽的要素？
  ——標頭是否具有說明效果？
  ——重點是否以粗體標示？
  ——是否在合適之處運用項目符號清單？
  ——是否可以加上擷圖輔助說明，或是詳細解說重點？
- 標題是否吸引人？
- 文章是否經過查證？
- 文章是否含有相關內部（CMI）連結，有助於讀者取得更多資訊（也有助於搜尋引擎最佳化）？
- 文內是否有過多外部連結？這些連結的功能是舉例、進一步說明，或提供統計數據資料——又或並非單純的反向連結，有其他宣傳目的？
- 是否有「封面圖」作為文章的主要圖像，或是需要另行設計？
- 文內是否有合適的召喚行動文字？（CMI有一份召喚行動清單供編輯團隊參考，其中包含活動、消費方案，以及最受歡迎與最實用的內容。）

- 是否有合適的舊文，可以加入新文章的連結？
- 文章摘要是否不多於兩百五十五個字元，適用於電子郵件和社群媒體分享？
- 網頁描述是否不多一百五十六個字元？如此文字才能完整出現在搜尋結果。訣竅：將表現最佳的文章彙整為清單，你可以在之後發表的文章中放入這些文章的連結。CMI是利用編輯追蹤表建立這份清單。
- 在合適之處加上「點擊發推」的連結，幫助使用者輕鬆發送含有文章重點的推文（Twitter）。

訣竅：為編輯團隊擬定一份基本的寫作體例準則（即使是一人團隊也不例外）。首先決定要大致套用哪一類專業體例規則。〔CMI選用美聯社體例（AP Style）〕，再根據需求加上附錄（文件），其中列出公司自訂的部分細節，或是無法適用主要體例規則的特殊案例。CMI的寫作體例準則是以Google文件的形式建立，編輯團隊和整個公司都可以讀取。

文章通過編輯流程之後，有時需要交回作者手上，以釐清有疑問之處或是加上額外資訊。如果是這類情況，文章可能需要經過數次審稿。

發行檢查清單

部落格文章一旦定稿，亞特里就會將文章上傳至CMI的內容管理系統WordPress。以下是CMI的發行檢查清單：

一般事項

- 首次與CMI合作的作者需要建立作者檔案。
- 設定發行日期與時間。
- 選擇合適的文章分類，也就是部落格所涵蓋的主題。（例如CMI的文章分類包含內容行銷策略、視覺設計、衡量指標等等。）
- 選擇作者。
- 加上封面／主圖片。*
- 根據搜尋引擎最佳化原則加入所有圖片與標籤。

訣竅：將上列的內容資產全數上傳至Dropbox，供編輯團隊存取。每位作者都有獨立的資料夾，而所有內容資產則是統一以「作者姓名_標題_審稿人姓名_日期與版本」的形式命名。

網頁文字元素檢查清單

- 副標題須使用H2標籤。
- CMI連結須於相同頁籤開啟。
- 召喚行動文字應該以斜體標示，而非粗體。
- 在召喚行動文字下方，加上「封面圖來源為……」，如果有來源連結須加註。

---

* CMI採用Yoast開發的搜尋引擎最佳化外掛程式，可以將圖像調整為適合社群分享的尺寸再上傳。

- 在文章開頭加上more標籤（通常是加在文章第四行／第二段的下方。如此一來文章就不會在CMI首頁完全展開，僅會顯示一小段文章，除非訪客點選「閱讀更多」。）
- H2副標題與下方文字之間須留有一行字的空間，文字與項目符號清單之間也該有一行的間隔。（如果已在Word編輯過這些格式，上傳至WordPress平台時會自動保留。）

搜尋引擎最佳化考量事項

- 加上永久連結：四到五個英文字加上破折號；選用可能會出現在長尾關鍵字中的字彙。
- 加上摘要：不多於兩百三十五個字元，便於社群分享。
- 編寫網頁描述：不多於一百五十六個字元才能完整出現在搜尋結果頁面。
- 上傳圖片：限制為三至五個英文字加上破折號。圖片內的文字功能類似標題，但不完全相同；改變字序並選用足以代表圖片的新字彙

預覽檢查清單

- 檢查所有連結。
- 確認所有內容都位在正確位置，以及所有圖片都清楚呈現。
- 確認格式皆一致且正確（例如副標題皆使H2標籤；項目符號清單皆以正確方式排列；圖片沒有跑位至文字之間等等。）
- 閱讀並確認作者簡介內的連結。

- 確認作者的近身照有正常顯示。
- 確認有註明「封面圖由……創作」。

亞特里將文章上傳至WordPress之後，會與CMI的電子郵件團隊連線，將文章載入每日電子郵件。

CMI編輯追蹤表／行事曆

我們長年來都是以Google試算表為基礎，加工製作成編輯行事曆／追蹤表（不過近期我們正在試用幾種新工具）。當然，這份試算表也會與時俱進，而且我們會將重要的行事曆和清單全都儲存在同一個檔案，結合成編輯團隊的「聖經」。其中包含的分頁如下：

- 近期文章發表時程。我們也會在這一頁記錄部分事項，例如需要用到的永久連結等等。
- 製作中的文章。這一頁列出所有正在製作的文章，並且根據負責的團隊成員分類。（舉例來說，我的區塊內會列出我必須審稿的文章，我只要查看這個區塊就知道有新文章需要檢查，不需要由莉莎透過電子郵件通知我。）
- 優先關鍵字。我們希望可以登上這些關鍵字搜尋結果的排名，也希望針對這些關鍵字發表更多文章。

- 編輯議程。團隊成員可以在這一頁更新任何討論主題，我們會在每週匯報時間討論。
- 最佳文章與網頁。這些是表現最佳的文章，我們希望透過社群媒體或編輯部落格加強宣傳。
- 搜尋引擎最佳化實務典範。用於提醒工作團隊注意圖片、網頁描述，以及所有與搜尋引擎最佳化相關的事項。
- 重大內容。這一頁專門追蹤任何即將推出的大型內容計畫。
- 歸檔部落格文章。所有可當作參考資料的部落格文章清單（其實我們只是把完成發表的文章從「近期文章發表時程」分頁移至這一頁）。
- 重要連結。經常使用的參考資料連結，儲存於同一處較便於引用。
- 召喚行動。可以用於部落格文章內的召喚行動項目清單。
- 重要主題。用於分類部落格文章的主要類別。

與作者溝通

文章排入發行時程表之後，莉莎會聯絡文章作者，並提供文章的預覽資料，包含：

- 定稿後的文章
- 發行日期

• 透過社群管道分享文章的簡易方法

這個步驟非常實用，不僅能夠增加文章的分享次數，也能一併確定文章最終版本沒有問題。

訣竅：莉莎聯絡作者的用意並不是徵求同意，而是提供定稿檔案並通知發行日期，藉此讓作者了解自己應該再次檢查文章內容，以及如有任何疑慮應該在發行日期之前提出。

文章發表後收到第一道留言時，CMI也會通知作者。莉莎會收到所有留言的通知，而助理金·波登(Kim Borden)則負責管理全數留言，以便迅速移除垃圾留言。

訣竅：CMI的社群團隊有獨立的內容宣傳系統，不過編輯團隊也會透過社群媒體分享所有文章。文章作者都有注意到這項做法，也有表達讚賞之意。

事成圓滿

理所當然的，CMI會衡量每篇文章的效果，如此才能製作出更多表現出色的內容，並減少製作出效果不彰的成品。

我個人會經常用Google Analytics分析數據，不過CMI衡量文章的方法更系統化，且每月衡量一次，而我們所追蹤的資料包含：

- 發行日期
- 標題
- 作者
- Twitter 推文數
- LinkedIn 分享次數
- Facebook 讚數
- 其他社群媒體分享次數
- 社群媒體總分享次數
- 該頁面的電子郵件轉換次數
- 頁面瀏覽次數

不少表現極佳的文章，社群分享次數和電子郵件轉換次數都較高，不過並非沒有例外。

彙整出最佳文章清單之後，我們會透過LinkedIn私人群組與CMI的團隊成員分享清單，並鼓勵他們在自己的社群網頁分享這些文章（由CMI的社群經理莫．華格納（Mo Wagner）預先寫好推文並發送），莉莎則會一一聯絡最佳文章的作者，以及CMI有意再次合作的對象。

我從未想過自己竟會如此重視流程，不過，流程確實是長期製作出優質內容的關鍵，也因為有流程作為穩固的防線和基礎，我們才有發揮創意的餘裕。

內容電力公司：用好內容玩出大事業
Content Inc. : how entrepreneurs use content to build massive audiences and create radically successful businesses

作　　者　喬．普立茲Joe Pulizzi
總 編 輯　周易正
執行編輯　劉玟苓
翻　　譯　廖亭雲
美術設計　廖韡
排　　版　黃鈺茹
印　　刷　崎威彩藝
行銷業務　華郁芳、許雅琇

版　　次　2016年5月　初版一刷
定　　價　460元
I S B N　978-986-92539-5-6

出 版 者　行人文化實驗室（行人股份有限公司）
發 行 人　廖美立
地　　址　10049臺北市北平東路20號10樓
電　　話　+886-2-2395-8665
傳　　真　+886-2-2395-8579
網　　址　http://flaneur.tw

總 經 銷　大和書報圖書股份有限公司
電　　話　+886-2-8990-2588

國家圖書館出版品預行編目（CIP）資料

內容電力公司：用好內容玩出大事業／喬．普立茲(Joe Pulizzi)作；廖亭雲翻譯. —初版. —臺北市：行人文化實驗室，2016.05
面；14.8×21cm
譯自：Content Inc. : how entrepreneurs use content to build massive audiences and create radically successful businesses
ISBN 978-986-92539-5-6（平裝）
1.行銷策略 2.顧客關係管理
496　　105008147